普通高等教育"十一五"国家级规划教材

纺织服装高等
纺织科学与

U0554085

Laboratory Course in Yarn Spinning

纺纱实验教程

（2版）

郁崇文 主编

东华大学出版社

·上海·

扫码浏览
全书数字资源

内容提要

本书已入选纺织服装高等教育"十四五"部委级规划教材,同时也是纺织科学与工程一流学科本硕博一体化教材建设项目。

本书较系统地介绍纺纱生产中有关工艺原理实验和设备机构实验的原理和方法,主要内容共五章,包含纤维原料的前处理实验、纺纱主要工序的设备机构实验、纺纱原理实验、虚拟仿真实验和上机纺纱实验等方面的知识。书中还通过二维码的方式加入了纺纱设备的机件运动及工艺原理、实验操作的步骤和过程以及思考题的参考答案等数字资源,以帮助读者更深入地了解和掌握有关知识。

本书是纺织工程专业的教材,也可以作为相关专业及行业的工程技术人员和科研工作者的参考书。

图书在版编目(CIP)数据

纺纱实验教程 / 郁崇文主编. —2 版. —上海 :
东华大学出版社,2024.7. —ISBN 978-7-5669-2396-7

Ⅰ. TS104-33

中国国家版本馆 CIP 数据核字第 2024V2Q748 号

责任编辑:张　静
封面设计:魏依东

出　　　版:东华大学出版社(上海市延安西路 1882 号,200051)
出版社网址:dhupress.dhu.edu.cn
天猫旗舰店:dhdx.tmall.com
营销中心:021-62193056　62373056　62379558
印　　　刷:上海龙腾印务有限公司
开　　　本:787 mm×1092 mm　1/16
印　　　张:13.25
字　　　数:320 千字
版　　　次:2024 年 7 月第 2 版
印　　　次:2024 年 7 月第 1 次印刷
书　　　号:ISBN 978-7-5669-2396-7
定　　　价:59.00 元

扫码解锁
全书作业与思考题
参考答案

前　言

本书根据高等教育改革的需求以及纺织工业的最新发展,同时结合普通高等教育"十一五"国家级规划教材——《纺纱实验教程》在教学中的使用情况以及现代教学方式的变化趋势,修订而成。在编写过程中,通过调研全国 30 余所纺织院校的纺纱实验课程教学内容,并先后与 20 余所纺织院校的相关教师多次讨论,确定了本教材的修订编写框架。

全书共分五章。前三章分别是纤维原料的前处理、主要的纺纱工艺与设备和纺纱的主要原理等方面的实验,共 42 个,以棉纺为主,包含毛纺、麻纺和绢纺的相关实验内容,既是互相补充,又便于各学校根据各自的具体情况针对性地选用授课内容;第四章是新增的虚拟仿真实验,包含从原料选配到后加工的纺纱主要工序,共 8 个实验,以便学生在学习专业知识的同时体会到计算机和数字技术给各行各业带来的巨大促进,通过互动式实验提升学生的学习兴趣;第五章是上机试纺实验,挑选了有代表性、可操作性强的梳理、精梳、并条、粗纱、细纱 5 个工序,目的是培养学生的实际动手能力,同时加深学生对纺纱过程的理解和相关知识的掌握。

在修订过程中,结合当前课程思政、产出导向教育、数字化教育等对教学和人才培养的要求,对本书内容做了修改、纠正和补充。

在介绍纺纱知识与实验方法的同时,本书有机融入课程思政,通过介绍国产设备的最新发展与我国科研人员最新发明的纺纱实验方法,以及在虚拟仿真实验中引入我国科技人员研发的转杯纺多通道纺纱等,充分展现我国科技人员在纺纱中的贡献,培养学生的专业自豪感、民族自豪感,以及精确严谨、勇于探索的科学精神和开拓创新的强国使命感。

本书还新增了二维码链接的动画和视频等数字资源。读者通过扫描二维码,能更直观、清晰地观看实验操作的步骤和过程,了解纺纱加工中各机件的运动和相互作用,掌握有关实验的基本原理。读者还可以扫描二维码查看思考题的答题要点,检验自己对知识的掌握程度。

本书修订还注重科研反哺教学,部分测试方法和虚拟仿真实验是根据编者团队在纺纱方面的研究成果总结而成的,帮助读者了解纺纱中的有关原理性测试、过程模拟及产品性能预测,以进一步加深读者对有关知识的掌握和应用。

本书在第一版的基础上进行修订。根据教学发展的需求,将第一版中的第四章"数据处理与实验设计"改为"虚拟仿真实验"。修订(新增)的章节及编写分工如下:

第一章:东华大学李娴、杨树、郁崇文;第二章:东华大学李志民和张玉泽、中原工学院冯清国、天津工业大学张美玲、西安工程大学宋红、青岛大学姜展;第三章:东华大学钱丽莉、武汉纺织大学夏治刚、天津工业大学彭浩凯、东华大学郁崇文；第四章：西安工程大学谭艳君和高婵娟、江南大学刘基宏、天津工业大学胡艳丽和周宝明、青岛大学邢明杰、东华大学王新厚、嘉兴大学易洪雷、湖南工程学院武世锋、东华大学郁崇文、大连工业大学叶方；第五章：江南大学孟超然、五邑大学王晓梅、东华大学郁崇文。

另外，东华大学的研究生曹巧丽、李佳蔚、李豪、周宇阳、郑光明、蒋嘉豪、武柳君等，参与了本书的部分文字、动画和视频制作、虚拟仿真实验、绘图等工作。全书由郁崇文统稿并定稿。

限于编者的水平，书中难免存在不妥和错误之处。敬请读者批评指正。

编者
2024 年 3 月

目　　录

第一章　纤维前处理工艺实验

实验一　棉纤维含糖量测试

一、实验目的与要求

（1）了解比色法和分光光度法两种棉纤维含糖量测试方法的原理。

（2）掌握两种测试方法的操作步骤、结果计算与评定。

（3）比较两种测试方法对不同含糖量的棉纤维进行测试的特点。

二、基础知识

棉花在生长过程中会受到环境、气候、栽培技术及虫害的影响，单糖无法完全聚合成纤维素，一般以单糖或低聚糖的形式存在于纤维中形成内源糖，而虫害在棉纤维成熟期间排泄出来的分泌物会黏附在纤维表面形成具有黏性的外源糖。无论是内源糖还是外源糖，在纺织厂的生产过程中，特别是在高温高湿环境条件下，棉纤维都会吸收水分而呈黏性，纤维间彼此粘连，产生"三绕"现象，使纺纱断头增加，挡车操作困难，成纱棉结增加，条干也恶化，严重影响生产的正常进行。为了顺利纺纱，需对呈黏性的含糖棉进行预处理。常用的消糖方法有汽蒸法、糖化酶法、水洗法、喷水给湿法、微生物法和助剂处理法。此外，还需进行合理配棉，对各工序工艺进行优化改进，合理控制温湿度。

棉纤维含糖量的测试方法有很多，较为常用的是比色法和分光光度法。比色法操作简单、测试迅速，而且测试条件容易实现。因此，纺织厂大多采用此法快速测定原棉含糖量以便指导生产。但是，比色法只能定性粗略地测定原棉中的还原糖含量，而且，它依靠人的目光进行判定，由于各人对颜色的分辨力不同，因而测试结果的人为误差较大。分光光度法测试略复杂且所需时间较长，但能对棉纤维的总含糖量（还原糖与非还原糖）做精确测定，能更准确地指导生产。

1. **比色法**

由柠檬酸钠（$Na_3C_6H_5O_7 \cdot 2H_2O$）、无水碳酸钠（$Na_2CO_3$）和结晶硫酸铜（$CuSO_4 \cdot 5H_2O$）组成蓝色的贝纳迪克特（简称"贝氏"）溶液（即显色剂）。棉纤维所含糖分子的醛基（$-CHO$）、酮基（$-R-CO-R'$）具有还原性。将含糖的棉花加入蓝色的贝氏溶液并加热至沸腾，溶液中的二价铜离子（蓝色）就被还原成一价铜离子（红色），生成纤维络合物和氧化亚铜沉淀而呈现各种颜色。由于纤维糖分含量不同，溶液分别显示出蓝、绿、草绿、橙黄、茶红共五种颜色，对照标准色卡或孟塞尔色谱进行目测比色，即可定出含糖等级。

2. 分光光度法

在非离子表面活性剂的作用下，棉纤维中的糖会溶于水中。糖在强酸性介质中会转化为醛类，并与3,5-二羟基甲苯发生显色反应，生成橙黄色的化合物。此时，利用分光光度计在 $\lambda = 425$ nm 的位置进行测量，并与标准工作曲线比较定量。

分光光度计的基本工作原理是，物质在光的激发下，物质中的原子和分子具备的能量以多种方式与光相互作用，从而产生对光的吸收效应。物质对光的吸收具有选择性（吸收一定波长 λ 的光），所以当经过色散的光谱通过某种溶液时，其中某些波长的光线会被溶液吸收，因此光谱通过溶液之后会出现黑暗的谱带。在一定波长条件下，溶液的颜色强度与其光吸收效应呈一定比例关系，而颜色强度与溶液浓度也呈一定比例关系。

根据 Lambert-Beer 定律，用分光光度计进行测试，当射线波长 λ 及溶液性质、温度和液层厚度不变时，溶液浓度与吸光度呈线性关系。

三、仪器、试剂与实验材料

1. 比色法

含糖棉、柠檬酸钠、无水碳酸钠和结晶硫酸铜等化学试剂，以及烧杯、试管（比色管）、鸭嘴镊子、电炉、天平、标准色卡。

2. 分光光度法

含糖棉纤维、脂肪醇聚氧乙烯醚（平平加O）、3,5-二羟基甲苯、浓硫酸、D-果糖等化学试剂，以及烧杯、试管（比色管）、容量瓶、移液管、玻璃砂芯坩埚G2及抽气滤瓶、恒温水浴振荡器、天平、分光光度计。

四、实验内容与步骤（见二维码1-1-1）

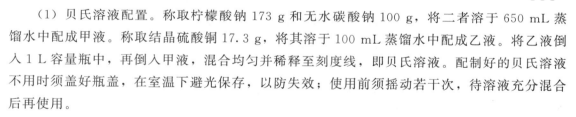
1-1-1

1. 比色法

（1）贝氏溶液配置。称取柠檬酸钠173 g和无水碳酸钠100 g，将二者溶于650 mL蒸馏水中配成甲液。称取结晶硫酸铜17.3 g，将其溶于100 mL蒸馏水中配成乙液。将乙液倒入1 L容量瓶中，再倒入甲液，混合均匀并稀释至刻度线，即贝氏溶液。配制好的贝氏溶液不用时须盖好瓶盖，在室温下避光保存，以防失效；使用前须摇动若干次，待溶液充分混合后再使用。

（2）试样准备。从收集到的每只棉样中均匀地抽取32丛，每丛质量约300 mg，构成质量在8～10 g的试样。将试样中的棉籽、籽屑、叶屑、尘土杂质去除，并充分混合。随机抽取五个试样，每个试样质量为（1.00±0.01）g，余样备用。

（3）空白试验。在150 mL烧杯中加入40 mL蒸馏水和10 mL贝氏溶液，加热煮沸30 s，倒入比色管，用水稀释至刻度，作为含糖"无"的标样。

（4）测试。将五个试样分别放入150 mL烧杯中，加入40 mL蒸馏水和10 mL贝氏溶液，加热煮沸30 s，同时不断搅拌，取下烧杯，用鸭嘴镊子将棉样挤干并取出，把剩下的约30 mL溶液倒入比色管，用水稀释至刻度。

在比色管架后面贴上一张白纸，利用自然光线与标准样卡对照，进行目视比色，并做记录。

（5）结果评定。根据试样溶液呈现的颜色，对照标准样卡与空白溶液，分别定出每个试样的含糖程度和含糖等级。试样含糖与标准样卡对照见表 1-1-1。

表 1-1-1　试样含糖与标准样卡对照

颜色	蓝	蓝绿	绿	橙黄	茶红
含糖程度	无	少	较少	较多	多
标定级别	1	2	3	4	5

试样溶液颜色处于两档之间的，以 0.5 级标定。在实验中，若发现试样溶液的颜色稳定性较差，产生的氧化亚铜较快沉淀，可以根据颜色对照结果定级，同时通过目测比色管底部的氧化亚铜沉淀数量来确定含糖等级的上下限，沉淀物多的定为"＋"，即评为等级偏上。

2. 分光光度法

（1）试剂配制。①脂肪醇聚氧乙烯醚（质量分数 0.005％）溶液配制。称取 0.05 g 脂肪醇聚氧乙烯醚，溶于 1000 mL 水中，搅拌均匀即可。现配现用。

②3,5-二羟基甲苯-硫酸溶液（质量分数 0.2％）配制。称取 3,5-二羟基甲苯 0.2 g，置于 100 mL 烧杯中，在通风橱内边搅拌边加入 100 g（约 54 mL）硫酸，使之全部溶解即可。现配现用。

③糖标准储备溶液配制。称取 D-果糖 0.200 g，用脂肪醇聚氧乙烯醚（质量分数 0.005％）溶液溶解后，转入 100 mL 容量瓶，用水稀释至刻度，浓度为 2.0 mg/mL。

④糖标准工作溶液配制。用移液管吸取 0.5 mL、1.0 mL、1.5 mL、2.0 mL、2.5 mL、3.0 mL、4.0 mL、5.0 mL 糖标准储备溶液，分别注入 50 mL 容量瓶中，用脂肪醇聚氧乙烯醚（质量分数 0.005％）溶液稀释至刻度，浓度分别为 0.02 mg/mL、0.04 mg/mL、0.06 mg/mL、0.08 mg/mL、0.10 mg/mL、0.12 mg/mL、0.16 mg/mL、0.20 mg/mL。

（2）试样准备。从棉样中随机抽取 15 g 的试验样品，去除粗大杂质，充分混合，从中称取三份作为试样，每份试样质量（记作 m）为（2.000±0.001）g，余样备用。

（3）实验步骤。①试样溶液的配制。取三份试样，分别置于 250 mL 锥形瓶中，加入脂肪醇聚氧乙烯醚溶液（质量分数 0.005％）200 mL，在振荡器上振荡 10 min，用玻璃棒将试样翻过，继续振荡 10 min，使棉纤维上的糖充分溶解于水。最后用玻璃砂芯坩埚抽滤，得到三份试样溶液。

②空白试验。吸取脂肪醇聚氧乙烯醚溶液（质量分数 0.005％）1.0 mL，注入 25 mL 比色管中，作为空白溶液。将比色管置于 70 ℃恒温水浴锅中，快速加入 3,5-二羟基甲苯-硫酸溶液 2.0 mL，摇匀，继续置于水浴锅中 40 min；然后取出，加入脂肪醇聚氧乙烯醚溶液（质量分数 0.005％）20 mL，摇匀，冷却至室温，用脂肪醇聚氧乙烯醚溶液（质量分数 0.005％）定容至刻度。将分光光度计调整好，在 425 nm 处测定溶液的吸光度，记录其读数。

③测定糖标准工作溶液。吸取糖标准工作溶液各 1.0 mL，注入 25 mL 比色管中，余下

步骤同空白试验。

④测定试样溶液。分别吸取棉样的三份试样溶液 1.0 mL，注入 25 mL 比色管中，余下步骤同空白试验。

（4）结果评定

①标准工作曲线绘制。以糖标准工作溶液浓度（mg/mL）为横坐标、校正吸光度为纵坐标，绘制糖标准工作曲线。

②棉样含糖浓度计算。由试样溶液测定的吸光度值减去空白溶液吸光度值所得校正吸光度值，按回归曲线方程计算出试样溶液的浓度，并按下式计算原棉含糖率：

$$X = \frac{200 \times C}{m \times 1000} \times 100 \qquad\qquad (1\text{-}1\text{-}1)$$

式中：X 为试样含糖率（%）；C 为通过工作曲线计算出的试样溶液中糖的浓度（mg/mL）；m 为试样质量（g）。

以三次实验数据的算术平均值作为测试结果，修约至两位小数。

五、作业与思考题

1. 棉纤维中的含糖量对生产加工过程会产生什么影响？

2. 比较比色法和分类光光度法两种测试方法的特点。

实验二　原毛洗毛

一、实验目的与要求

（1）了解原毛污物的种类和性质。

（2）了解水介质洗毛的原理与工艺。

（3）能够综合运用所学知识，根据原毛品质组织合理的洗毛工艺。

二、基础知识

从羊身上剪下且未经任何加工的毛，叫原毛。原毛中有各种污物和杂质。这些污物、杂质中，有的是在羊生长过程中产生的，主要是化学性杂质，如羊毛脂、羊毛汗；有的是在羊生长过程中由环境因素造成的，如物理性的沙土、草杂等及化学性的粪、尿、药物等。由于这些污物和杂质的存在，原毛无法直接用于纺纱加工，否则会产生车间环境污染、损伤羊毛纤维，甚至机器无法正常加工的情况。洗毛是羊毛初步加工中的重要工序。通过洗毛，去除原毛中过多的脂汗和尘杂，得到较为纯净的羊毛纤维（洗净毛），以满足纺织加工对原料的要求。

根据原毛污物杂质的性质，可以采用水介质洗毛，也可以用溶剂洗毛。目前普遍采用的是以耙式洗毛机及其改进机型为代表的水介质洗毛，即利用羊汗的水溶性去除羊汗，利用表面活性剂（洗涤剂）的洗涤作用及酸、碱的作用去除羊毛脂，与羊毛脂黏附在一起的尘杂则随着羊毛脂的去除而去除。洗毛大致可分为浸渍、清洗、漂洗和轧水等加工过程。

三、仪器、试剂与实验材料

1000 mL 烧杯、恒温水浴锅、温度计、白度仪、天平、玻璃棒、滤纸及洗涤剂、助洗剂等。

四、实验内容与步骤（见二维码 1-2-1）

1-2-1

1. 毛样准备

将原毛扯松，抖掉其中夹杂的沙土、杂质，拣除其中大的草杂，并称取 5 g 作为实验样品。

2. 洗毛

模仿五槽耙式洗毛。

（1）洗毛工艺参数。

①每槽浴比 1：50。

②第一槽作为浸渍槽，其内只放清水，温度为 50 ℃。

③第二、三槽作为洗涤槽，其内加 209 洗涤剂（浓度 2 g/L）和中性助洗剂硫酸钠（浓度 0.2%），温度为 55 ℃。

④第四、五槽作为漂洗槽，其内放 50 ℃清水。

⑤洗毛时间为每槽 3 min。

（2）洗毛步骤。将原毛试样依次从以 1000 mL 烧杯代替的第一～第五洗毛槽中经过，进行洗毛加工。注意，在洗毛过程中，用玻璃棒轻轻翻动试样；每一槽洗好后，先用手再用滤纸挤压试样，以去除其中的污水，保持下一槽中洗液浓度稳定。

3．烘干

将洗净的毛样先在 70～80 ℃条件下烘到一定的干燥程度，再在 90～100 ℃条件下烘干。

4．洗净毛品质测试

（1）通过手感和目测评价洗净毛的含杂、松散、毡并与黏腻情况。

（2）将洗净毛纤维用梳理工具梳直，然后平整、均匀地贴在黑绒板上，并于白度仪上测定白度。

（3）洗净毛残油率测试：按 GB/T 6977 的规定进行。

五、作业与思考题

1．溶剂洗毛和水介质洗毛各有何优缺点？

2．影响洗净毛质量的因素有哪些？

3．洗毛温度为何要高于羊毛脂熔点？

实验三 毛纤维炭化

一、实验目的与要求

（1）了解毛纤维炭化的原理及散毛炭化工艺过程。

（2）了解毛纤维炭化工艺参数的制定原则。

（3）能够综合运用所学知识，根据现有原料特点制定合理的炭化工艺参数。

二、基础知识

原毛中含有的污物杂质和草杂等，因性能不同，其与羊毛的联系状态也有所区别：有的容易分离，如污物杂质，经开毛、洗毛加工，绝大多数即被去除；但有的与羊毛紧密纠缠在一起，如枝叶、草籽等碎片，这些基本是无法去除的。

若羊毛中的草杂去除不干净，会对后道加工带来困难。去草方法可采用机械法和化学法。机械法去草对纤维损伤小，但去草不彻底。化学法去草也叫炭化。可以用作炭化剂的药剂品种很多，如 H_2SO_4、HCl、$AlCl_3$、$MgCl_2$、$NaHSO_4$ 等。但就炭化剂对草杂的脆化能力、工艺的简易性及经济性来看，以无机酸（H_2SO_4、HCl）的炭化效果为好。使用 H_2SO_4 完成的炭化加工是在 H_2SO_4 水溶液中进行的，故称为湿炭化，其炭化液中常添加炭化助剂（表面活性剂），以促使草杂炭化，同时保护羊毛纤维。使用 HCl 时，是将盐酸加热产生的 HCl 气体对炭化对象进行炭化的，故称为干炭化。

采用无机酸作为炭化剂的炭化原理是利用草杂和羊毛纤维对无机酸作用的稳定性不同，使草杂类物质炭化、脆化，从而自羊毛纤维中分离出来。按炭化对象不同，炭化工艺可分为散毛炭化、毛条炭化、匹炭化、碎呢炭化。散毛炭化在粗梳毛纺中采用；毛条炭化在精梳毛纺中采用；匹炭化用于织物炭化；碎呢炭化主要应用在再生毛制造过程中，以去除羊毛和纤维素纤维混纺产品中的非羊毛纤维。散毛炭化工艺主要包括浸酸、压酸、烘干与烘焙、压炭与打炭、中和与烘干等步骤。

本实验采用散毛炭化。

三、仪器、试剂与实验材料

分光光度计、烧杯、试管、玻璃棒、压水辊、烘箱及 H_2SO_4、茚三酮、蒸馏水等试剂。

四、实验内容与步骤（见二维码 1-3-1）

1-3-1

1. 试样准备

取洗净毛两团（质量均为 5 g），其中一团包有草杂（约羊毛质量的 5%）。

2. 炭化

（1）浸酸。将两团毛样分别浸入清水润湿、挤干，然后浸入常温酸液（酸液浓度为 32～52 g/L，取决于所含草杂类型与含量），浴比（即试样与溶液的质量比）为 1∶50，时间 3～4 min（根据具体的草杂情况确定）。

（2）压酸。将浸酸后的毛样取出，用压水辊压干（羊毛酸液含量控制在 36% 以下）。

（3）烘干与焙烘。将压酸后的毛样在（65±5）℃下烘至一定的干燥程度，再在105～110 ℃高温下焙烘，得到焙烘毛。目测焙烘毛中草杂的炭化程度。留取部分未包草杂的烘焙毛样，用于羊毛纤维损伤测定。

（4）中和。将焙烘毛用清水充分清洗、挤干，然后置于 pH＝9 的 Na_2CO_3-$NaHCO_3$ 缓冲液中，中和 4 min，再用清水充分清洗、挤干，最后在空气中干燥，得到中和毛。

3. 羊毛纤维损伤测定（N-端基茚三酮溶液显色法）

（1）待测液制备。将未经过炭化处理的洗净毛样和经过炭化处理的中和毛样分别以 30 mL/g 蒸馏水浸湿，并不断搅动、挤压毛样 10 min，然后把毛样挤干并丢弃，分别取浸润液作为待测液。

（2）茚三酮显色液制备。取 5 g 茚三酮、21.02 g 氢氧化钠、62.4 mL 丙酸、125 mL 二醇甲醚，分别加入 250 mL 烧杯中搅拌溶解，再倒入 250 mL 容量瓶中，然后用蒸馏水稀释至刻度，成为茚三酮显色液，静置 24 h 之后即可使用；两周内使用，测试结果不受影响。

（3）纤维损伤测试。在试管中加入茚三酮显色液 2 mL、异丙醇水溶液（体积分数 10%）1 mL、吡啶水溶液（体积分数 10%）1 mL 和样品待测液 l mL，然后将试管放入沸水中加热 30 min，取出；待试管冷却后，将其中的试液倒入 100 mL 容量瓶中，加入 20 mL 乙醇溶液（体积分数 50%），用蒸馏水稀释至 100 mL。将由此得到的紫色液体放在分光光度计上，于 570 nm 处测定其吸光度。根据测得的吸光度值，在事先制定的标准曲线上找出 N-端基浓度。通过对比未经过炭化处理的洗净毛样和经过炭化处理的未包草杂毛样的吸光度值，了解纤维损伤程度。吸光度值越大，N-端基浓度越高，表示纤维损伤越大。

五、作业与思考题

1. 利用无机酸作为炭化剂的炭化原理是什么？
2. 影响草杂类物质炭化程度的主要因素有哪些？

实验四 绢纺原料精练

一、实验目的与要求

（1）了解各种绢纺原料的特点。

（2）了解绢纺原料化学精练的基本原理与工艺过程。

（3）能够综合运用所学知识，根据具体原料的特点制定合理的精练工艺。

二、基础知识

绢纺原料主要是来自养蚕、制丝、丝织业的疵茧、废丝。按蚕的食料不同，可分为桑蚕绢纺原料、柞蚕绢纺原料和蓖麻蚕绢纺原料。绢纺原料除了含有丝素，还有丝胶、少量的色素、蜡质、碳水化合物、蛹油等杂质。丝胶对丝素有一定的保护作用，但是过多的丝胶、蛹油等杂质的存在会给纺纱工艺带来一定的困难，所以纺纱前必须去除绢纺原料中大部分的杂质。这个去除杂质的过程叫作精练。

绢纺原料的精练，除了要求不损伤或尽量少损伤丝素，还有特殊要求，即要求精练后的丝纤维（精干绵）的残油率低于 0.55％、残胶率在 3％～5％。若丝纤维的残油率或残胶率过高，纤维会发生黏并，纺纱过程中容易产生绕皮辊、绕罗拉等现象，使纺纱无法正常进行。但是，若丝纤维表面丝胶含量过低，则丝纤维的强力低、硬挺性差，丝纤维上毛茸较多，梳理过程中容易被拉断，绵结增多，因而在纺纱的牵伸过程中牵伸力过大，影响条干。

根据丝素、蛹油、丝胶等的性质，绢纺原料精练可采用生物化学方法，如酶制剂精练和腐化练，也可以采用化学方法精练或生物-化学方法精练。为了保护丝素，使其不受损伤，精练一般分两次进行，即初练和复练。

化学精练以一定温度的水为介质，水中加有表面活性剂和助剂，以去除油脂，提高丝胶去除的速度和均匀度。为了提高精干绵的质量，精练过程中还需经过一定的前处理工序（如原料选别、原料除杂、除蛹、浸泡等），以及冲洗、烘干等后处理工序。精练得到的丝纤维品质主要由残油率、残胶率表征。

三、仪器、试剂与实验材料

500 mL/1000 mL 烧杯、恒温水浴锅、温度计、玻璃棒、脱水机、pH 试纸及 Na_2CO_3、表面活性剂等试剂。

四、实验内容与步骤（见二维码 1-4-1）

本实验采用化学精练，实验材料为桑蚕类原料的滞头。

1-4-1

1. 原料准备

将原料扯松，同时剔除原料中半只以上的蚕蛹和大的草杂，称取 20 g 作为实验原料（即试样）。

2. 精练

（1）初练。将称取的 20 g 试样按 1：20 的浴比浸入含有 2 g/L Na_2CO_3 和 2 g/L 自配复合表面活性剂的初练液中，恒温（65±5）℃处理 60 min 后取出，于脱水机中脱水 5 min。

（2）复练。将经过初练的试样按 1：50 的浴比浸入加有 2 g/L 表面活性剂（肥皂或 105 洗涤剂）和用 Na_2CO_3 调至 pH＝10 左右的精练液中，恒温（90±2）℃处理 20 min。

（3）清洗。将精练后的试样取出，先用 50 ℃左右的温水冲洗两次，再用冷水冲洗至 pH＝7。

（4）脱水烘干。将清洗后的试样放于脱水机中脱水 5 min，然后置于 100～105 ℃烘箱中烘干，得到精干绵。

3. 精干绵品质测试

（1）手感目测，观察精干绵的洁白、松散及黏腻情况。

（2）残油率、残胶率测试，按有关行业标准进行。

五、作业与思考题

1. 什么是绢纺原料？

2. 绢纺原料精练为何要求"保胶除油"？

3. 简述绢纺原料化学精练的基本原理。

实验五　麻脱胶

一、实验目的与要求

（1）了解各种麻纤维的初加工特点。

（2）了解麻纤维化学脱胶的原理与工艺。

（3）能够综合运用所学知识，根据不同麻纤维的特点，组织合理的脱胶工艺。

二、基础知识

麻纤维是韧皮纤维、叶纤维和果壳纤维的总称。我国纺织工业采用的麻纤维主要是韧皮纤维，即取自韧皮植物韧皮部的纤维，如苎麻、亚麻、大麻（亦称汉麻）、黄麻等。根据韧皮植物茎的结构特点（图1-5-1），要制取纤维，首先必须分离出韧皮部。各种麻植物茎各部分的生长情况不同，制取韧皮部的方法也不同。如苎麻，其茎较粗且木质部和保护组织都很发达，因此必

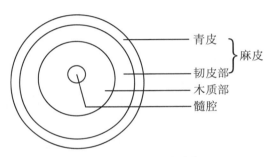

图1-5-1　韧皮植物茎的结构

须经过剥皮（将麻皮与木质部分离的过程）与刮青（将青皮与韧皮部分离的过程）才能制取韧皮部。对于其他麻类，也必须根据其茎的结构特点进行初步加工。

麻纤维在韧皮部中是靠胶质黏结在一起形成片条状的，因此从茎中分离出韧皮部后，还必须脱除胶质，才能分离出纤维并用于纺纱。各种麻类的单纤维性能不同：有的单纤维比较细长，适合单纤维纺纱，需要进行全（彻底）脱胶加工，如苎麻；有的单纤维较短，不适合单纤维纺纱，需保留一部分胶质，采用束纤维纺纱，故只需进行半脱胶（部分脱胶）加工，如亚麻、大麻、黄麻等。麻脱胶加工要求主要包括：（1）脱除韧皮部中的部分或全部胶质；（2）脱胶时不损伤或尽量少损伤纤维固有的物理力学性能。可采用的脱胶方法有化学脱胶、生物脱胶或生物-化学联合脱胶等。

化学脱胶利用纤维素与各胶质成分对常见化学药剂的作用稳定性不同，在尽可能少地损伤麻纤维的前提下脱除胶质。表1-5-1给出了纤维素与各胶质成分在常见化学药剂中的稳定性。

表1-5-1　纤维素与各胶质成分在常见化学药剂中的稳定性

成分	热水	无机酸	氢氧化钠溶液	氧化剂	其他
纤维素	稳定	水解	稳定	氧化	溶于铜氨溶液、铜乙二胺溶液
半纤维素	部分可溶	水解	溶解	氧化	—
果胶物质	部分可溶	水解	温度较高或时间较长时，可溶	氧化	易溶于草酸铵溶液
木质素	稳定	非常稳定	高温、长时间，可溶	氧化，氧化木质素可溶于热碱溶液	易氧化
脂蜡质	软化	水解	皂化	氧化	溶于有机溶剂

由表 1-5-1 可见，麻纤维的化学脱胶工艺以碱液煮练为主。根据不同种类麻纤维的特点，有时为了提高脱胶麻的质量，在碱液煮练前后，分别加入原料浸酸或预氧等预处理工序及打纤、漂白、酸洗、水洗、精练、给油等后处理工序。因此，麻纤维的化学脱胶从大的方面来说包括预处理、碱液煮练和后处理三个主要的工艺过程，得到的脱胶麻纤维（即精干麻）的品质主要由残胶率、单纤维或束纤维强力、细度（公支）、白度等指标衡量。

三、仪器、试剂与实验材料

250 mL 烧杯/500 mL 烧杯、温度计、玻璃棒、恒温水浴锅、加热盘、pH 试纸，氢氧化钠、硫酸、双氧水等试剂，以及表面活性剂、油剂。

四、实验内容与步骤（见二维码 1-5-1）

1-5-1

实验用原料为苎麻原麻。在实际生产中，苎麻脱胶采用两道碱液煮练，需要的时间较长。因此，本实验采用一道碱液煮练，其他过程与实际生产中的苎麻脱胶过程相同。

1. 试样准备

拆开从原料产地购得的原麻，拣除其中的杂质，称取 10 g 作为脱胶试样。

2. 浸酸

将试样捆扎后放入 500 mL 烧杯中，再加入 300 mL 硫酸溶液（浓度为 1.5 mL/L），置于 60 ℃ 恒温水浴中浸泡 30 min；然后取出试样，将其水洗至中性，挤干。

3. 碱液煮练

将试样按 1∶30 的浴比浸入煮练液中煮沸 1.5 h。煮练过程中，要不断翻动试样并补充水分，以保持煮练液的浴比稳定。

煮练液配方如下：

氢氧化钠 12 g/L（如改变浴比，则浓度相应改变，下同）

亚硫酸钠 2 g/L

多聚磷酸钠 2 g/L

自配复合表面活性剂 2 g/L

煮练结束后，将试样取出，并用冷水反复冲洗试样，最后挤干。

4. 打纤

用木槌反复敲打试样，重复多次，至纤维呈松散状态。然后用大量清水将试样中的残留胶质冲洗干净，最后挤干。实验中可以用手搓替代木槌敲打。

5. 漂白、酸洗

按 1∶10 的浴比，将打纤后的试样放入有效氧浓度为 3 g/L 的双氧水溶液中处理 7 min，然后浸入浓度为 2 g/L 的硫酸液中酸洗 5 min；接着，取出试样，反复用水将试样冲洗至中性，挤干。

6. 给油

将经过上述处理的试样抖松，按 1∶10 的浴比，浸入含 BSK 油剂的乳液中，常温给油 5 min，取出试样，脱除其中的油水。

7. 烘干

将脱除油水后的试样抖松，放入 105～110 ℃烘箱中烘干。

8. 精干麻品质测试

按 GB/T 20793 的规定进行测试。

五、作业与思考题

1. 试样碱煮前浸酸和煮后酸洗的作用分别是什么？

2. 表面活性剂在碱液煮练中起什么作用？

3. 苎麻脱胶为什么以碱液煮练为主？

第二章　纺纱工艺与设备实验

实验一　开清棉工艺流程与设备

一、实验目的与要求

（1）了解开清棉工艺流程。

（2）了解抓棉机、预开棉机、混棉机、精开棉机的主要结构和工艺流程。

二、基础知识

纺织用各种纤维原材料，如棉花、羊毛、化学纤维等，由于大多数呈压紧捆包的形式进入纺纱厂，或者纤维天然并合在一起，在梳理加工前，必须对这些原料进行扯松分解，同时清除各种杂质和疵点，还要将各种成分的原料进行初步混合。这个加工过程在短纤维纺纱系统中被称为梳理前准备工序，在棉纺中被称为开清棉工序，其基本的设备配置为抓棉机→预开棉机→混棉机→精开棉机（→除微尘机），如图 2-1-1 所示。

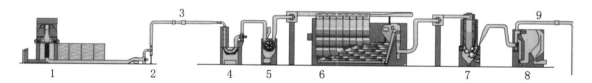

1—直行抓棉机；2—输棉风机；3—火星金属探除器；4—重物分离器；5—单轴流开棉机；
6—多仓混棉机；7—精开棉机；8—除微尘机；9—火星探除器

图 2-1-1　纯棉的开清棉代表性流程

在传统的开清棉工序中，成卷机（见二维码 2-1-1）配置在精开棉机之后，其主要作用是将精开棉机输出的纤维束加工成具备一定规格的棉卷，供梳棉工序使用。随着生产技术的发展，已经逐步取消传统开清棉工序中的成卷机，通过输棉管道直接将开清棉工序与梳棉工序连接在一起，形成新的清梳联工序。在清梳联工序中，一套开清棉工序通常可供应 8～16 台梳棉机，具体配置的梳棉机数量需根据纺纱工艺、产量、设备性能等因素决定，每台梳棉机均配置独立棉箱。棉箱的主要作用是输送厚度均匀的棉层，供梳棉机梳理。

清梳联工序中，各机台设备通过集控箱由后往前实现逐道连锁控制，例如棉箱根据仓内压强控制棉纤维的喂入，根据输棉管道内压强控制精开棉机的运行或停止，等等。应用清梳联，不仅提高了产品质量和生产效率，还极大地降低了劳动强度，也改善了生产环境。

三、实验设备

抓棉机、预开棉机、混棉机、精开棉机、除微尘机。

2-1-2

四、实验内容

（一）了解开清棉工序工艺流程

了解开清棉工序工艺流程与设备配置（见二维码2-1-2）。

（二）了解开清棉设备的机器结构和作用

1. 抓棉机的组成及各主要机件的结构和作用

2-1-3

抓棉机是开清棉工序的第一台单机，它利用打手从按配棉成分排列的纤维包阵里按顺序抓取原料，供下一机台继续加工，在抓棉过程中具有初步的开松与混合作用。

抓棉机根据抓棉小车的运行方式不同可分为两种，即直行往复式（见二维码2-1-3）与环行式（见二维码2-1-4），如图2-1-2所示。目前广泛使用的是直行往复式抓棉机。

2-1-4

直行往复式抓棉机主要由抓棉小车、转塔、轨道、机架、输棉通道、控制台等部件组成。抓棉小车内有抓棉打手、肋条、过渡通道等，抓棉打手上的刀片按照一定规律排列。转塔由塔身、丝杆、转塔门、驱动装置等组成，其中：丝杆主要用于悬吊抓棉小车，抓棉小车可沿丝杆上下移动；驱动装置可驱动转塔旋转180°，实现对分布在抓棉机两侧的棉包的抓取；转塔门内设电气柜，此外还作为配重用于平衡机器的重量。机架内有底座、覆盖带两部分，底座中安装有两个驱动装置，用于驱动机架沿导轨运动，机架再带动转塔和抓棉小车沿导轨运动。输棉通道连接抓棉小车内的过渡通道和抓棉机外的输棉管道。控制台中的控制面板提供抓棉机工作参数的设定。

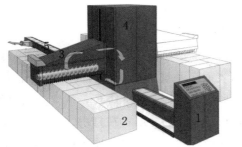

1—控制箱；2—棉包；3—抓棉臂及抓棉打手；
4—回转塔及塔座；5—原料输送管

(a) 直行往复式抓棉机　　　　　　　(b) 环行式抓棉机

图 2-1-2　抓棉机

要求学生了解以下知识：

（1）抓棉小车的抓棉动作是如何实现的。

（2）抓棉小车抓取的纤维束是如何输出的。

（3）抓棉小车手的升降是如何传动的。

（4）抓棉打手的工作宽度、刀片的结构与形状。

2. 熟悉预开棉机的组成及主要机件结构和作用

预开棉机作为开清棉工序的首个主要开松、除杂点，其加工的纤维原料来自于抓棉机抓取的纤维块，具有开松度差、大杂含量多等特点。因此，预开棉机采用自由式开松，其主要任务是对纤维束进行初步的松解，去除部分尘杂、籽屑，尤其是较大、较重的杂质，达到"大杂早落少碎、纤维损伤小"的目的，为后续的均匀混合与精细开松、除杂奠定基础。

轴流开棉机分为单轴流开棉机和双轴流开棉机，如图 2-1-3 所示。轴流开棉机主要由开松辊筒、尘棒、落杂输送等部件组成。开松辊筒的表面排列着角钉打手，开松辊筒的下方弧形位置则排列着一组尘棒。

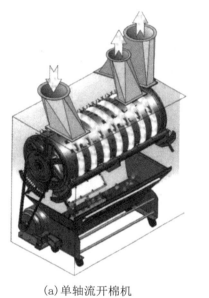

(a) 单轴流开棉机　　　　　　　　　　(b) 双轴流开棉机

图 2-1-3　轴流开棉机

轴流开棉机的工作原理：开松辊筒高速旋转，打手对输棉管道进入的纤维束进行自由打击，将其开松成小的纤维束，将杂质充分暴露在表面，并携带着开松后的纤维束继续旋转；纤维束在导流板作用下沿开松辊筒做轴向运动，形成高速旋转的纤维环，从辊筒轴向的另一端输出，其中尘杂、籽屑等的密度大，容易分布在纤维环的外层；在打手、尘棒、气流及其他辅助元件的共同作用下，部分尘杂、籽屑，尤其是较大、较重的杂质，被除去。

单轴流开棉机的工艺过程见二维码 2-1-5。

要求学生了解以下知识：

（1）开棉机的结构组成。

（2）开棉机打击开松的方式。

（3）开棉机的除杂原理。

2-1-5

3. 熟悉多仓混棉机的结构与作用

纤维原料的混合是纱线生产的重要准备阶段。纤维原料在开清棉过程的不同阶段都受到一定的混合作用，例如抓棉机和开棉机的加工过程对纤维原料都有初步的混合作用，但与充分均匀混合的目标还有很大差距，因此需要混棉机对纤维原料进行充分的混合。目前，多仓混棉机的应用较广泛。

多仓混棉机主要包括喂棉管道、混棉仓、输送带、角钉帘、均棉罗拉、给棉罗拉、开松辊、输棉管道等。多仓混棉机有两种形式：一种是同时喂入的原料不同时输出，如图 2-1-4 所示，它利用同时喂入的原料到达输出角钉帘的路程差异，形成"程差"混合；另一种是不同时喂入的原料同时输出，如图 2-1-5 所示，它利用不同时喂入棉仓的原料在同时输出时在棉仓内停留的时间差异，形成"时差"混合。但两种形式的混合原理都是利用各组分原料在棉仓内停留的时间不同来实现混合。

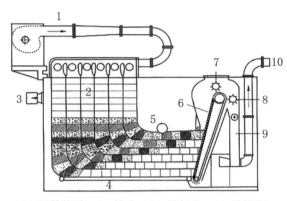

1—喂棉管道；2—棉仓；3—排气孔；4—输棉帘；
5—压棉罗拉；6—角钉帘；7—均棉罗拉；
8—剥棉打手；9—储棉箱；10—输出口

（a）程差混合多仓混棉机

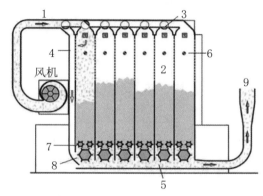

1—喂入管道；2—棉仓；3—活门；4—排气通道；
5—混棉通道；6—棉量控制装置；7—输出罗拉；
8—打手；9—输出管道

（b）时差混合多仓混棉机

图 2-1-4 多仓混棉机

多仓混棉机主要有六仓混棉机（见二维码 2-1-6）、八仓混棉机、十仓混棉机，其中纺纯化纤纱线时多选用六仓混棉机，纺棉纱及混纺纱线时通常选用八仓混棉机或者十仓混棉机。根据产品质量需求和原料的特性，可配置两道多仓混棉机进行重复混合。

2-1-6

要求学生了解以下知识：

（1）多仓混棉机的喂给方式。

（2）多仓混棉机各仓储棉高度的调节方法与原理。

（3）多仓混棉机的输出方式。

4. 熟悉精开棉机的机构与作用

精开棉工序主要利用单个或多个表面植有角钉或锯齿的辊筒对混棉机输出的纤维进行精细的开松，同时除去细小的杂质和尘杂。精开棉机主要由给棉部件、打手部件（角钉或锯齿辊筒）、尘棒组件、机架等组成。三辊筒精开棉机如图 2-1-5 所示。

精开棉机的开松除杂工作原理：一对沟槽罗拉握持着纤维束喂入，高速旋转的开棉辊筒对被握持的纤维束进行打击开松，纤维在辊筒表面的角钉或锯齿的带动下围绕辊筒旋转形成纤维环，密度大的杂质分布在纤维环的外围，通过调整尘棒的角度，将分布在外围的杂质剥离，杂质进入落杂箱后被负压吸走并输送到滤尘系统，剩余的纤维经输棉管道输出。

要求学生了解以下知识：

（1）精开棉机的结构组成。

（2）精开棉机的喂入方式。

（3）精开棉机的开松除杂原理。

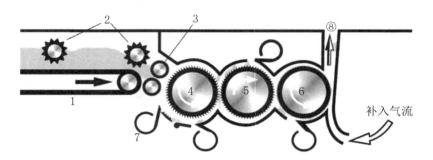

1—输送帘；2—压棉罗拉；3—握持罗拉；
4，5，6—第一、二、三开棉辊；7—落杂吸风口；8—纤维输出通道

图 2-1-5　三辊筒精开棉机

5. 熟悉除微尘机的机构与作用

除微尘机的加工任务主要是对经过前道机台开松除杂的纤维原料再进行细致除尘，利用气流作用来去除原料中微小的尘屑。除微尘机如图 2-1-6 所示。

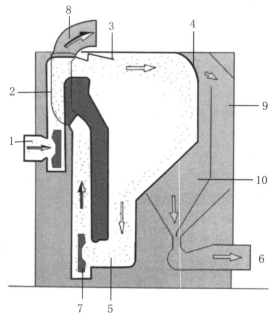

1—输棉风机；2—原料喂入管道；3—可调风门；4—除尘网眼板；5—吸棉管道；
6—排杂管道；7—输棉风机；8—出棉管道；9—吸风排尘；10—吸风排杂

图 2-1-6　除微尘机

除微尘机的工作原理（见二维码 2-1-7）：管道输入的纤维流吹向带有许多微孔的除尘板，气流将细小的尘杂从微孔中带走，纤维则被除尘板拦截，实现纤维与尘杂的分离；分离后的纤维由管道输入下道机台。

2-1-7

要求学生了解以下知识：

（1）除微尘机的结构。

（2）除微尘机的作用原理。

五、作业与思考

1. 写出开清棉工艺流程，说明各机台的主要作用。

2. 比较自由式和握持式两种开棉机械的开松方法。

3. 比较单轴流开棉机与精开棉机的开松辊筒上角钉的区别，并分析其原因。

4. 说明除微尘机的作用原理。

实验二　长纤维开松工艺与设备

一、实验目的与要求

（1）了解开松机械的工艺过程。

（2）了解开松机械的结构及各机件的主要作用。

（3）了解开松机械的传动系统。

二、基础知识

天然纤维中的毛、麻、绢等原材料，经前道洗毛、脱胶或精练加工成洗净毛、精干麻（绵）后，大多呈束状或块状，纤维板结、不松散，而且由于纤维过长，纤维相互纠缠严重，如果直接喂入梳理机进行梳理，强烈的梳理力会使纤维和机件均受到较大的损伤。因此，这些原材料在梳理加工前必须进行开松处理。

开松纤维常见的方法有打击和扯松两种。棉花及棉型短纤维一般采用打击和扯松相结合的方法，而毛、麻、绢由于纤维较长，而且超长纤维较多，一般适用扯松法。毛纺的开松设备采用和毛机，苎麻纺采用开松机，绢纺主要用开绵机。

三、实验设备

和毛机、苎麻开松机、绢纺开绵机。

四、实验内容

本实验主要介绍和毛机、苎麻开松机和绢纺开绵机。

（一）和毛机

1. 和毛机的组成

和毛机主要由喂入部分、开松部分及输出部分组成，如图 2-2-1 所示。

（1）喂入部分。这个部分包括喂毛帘、喂毛罗拉和压毛辊。也有在喂毛帘前安装自动喂毛机的。

（2）开松部分。这个部分包括一个大锡林、三个工作辊和三个剥毛辊。这些滚筒上都装有鸡嘴形角钉。

（3）输出部分。道夫是输出部分的主要部件，其表面均匀分布地安装了八根木条，其中四根木条上装有交错排列的两排角钉，另外四根木条上装有一排角钉和一排皮条。

2. 和毛机的工艺过程（见二维码 2-2-1）

原料由人工或自动喂毛机均匀铺放在喂毛帘上，随着喂毛帘的移动，原料被送入一对装有倾斜角钉的喂毛罗拉。大锡林抓取并携带喂毛罗拉喂入的原料，与工作辊、剥毛辊进行开松、混合。最后，由道夫将开松后的原料输出机外。

2-2-1

（二）FZ002 型苎麻开松机

1. FZ002 型苎麻开松机的组成

FZ002 型苎麻开松机主要由喂给部分、开松梳理部分和输出成卷部分等组成（见图 2-2-2）。

（1）喂给部分，由喂麻帘、沟槽罗拉、喂麻棍、铁托板等组成。

（2）开松梳理部分，由锡林、工作罗拉、剥取罗拉等组成。

（3）输出成卷部分，由道夫、道夫托辊、牵伸罗拉、上下压辊、出条罗拉、自动成卷装置等组成。

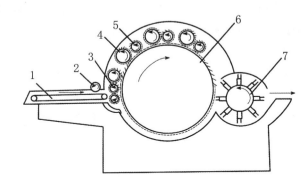

1—喂毛帘；2—压毛辊；3—喂毛罗拉；4—工作辊；5—剥毛辊；6—大锡林；7—道夫

图 2-2-1　B261 型和毛机结构与工艺过程

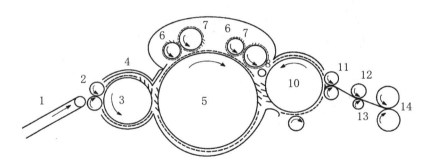

1—喂麻帘；2—沟槽罗拉；3—喂麻辊；4—铁托板；5—锡林；6—剥麻罗拉；
7—工作罗拉；8—托辊；9—道夫托辊；10—道夫；11—牵伸罗拉；
12—上压辊；13—出条罗拉；14—自动成卷机

图 2-2-2　FZ002 型苎麻开松机结构与工艺过程

2. FZ002 型苎麻开松机的工艺过程（见二维码 2-2-2）

FZ002 型苎麻开松机的工艺过程如图 2-2-2 所示。挡车工手工将脱胶后的精干麻按喂麻钟指针的回转速度要求均匀地铺放在喂麻帘 1 上，精干麻在喂麻帘的输送作用下喂入沟槽罗拉 2 的钳口，并以沟槽罗拉的速度进入喂麻辊 3 和铁托板 4 之间。喂麻辊表面包有针板，其与铁托板一起控制精干麻进入锡林 5 的梳理区。

2-2-2

锡林的表面也包有针板，并且其表面速度比喂麻辊大得多。进入锡林的精干麻受到高速回转的锡林梳针梳理，其中过长的纤维被拉扯断裂，开松梳理后的纤维则由锡林梳针继续带向锡林、剥取罗拉 6 和工作罗拉 7 组成的工作区。全机有两对工作罗拉和剥取罗拉。工作罗拉和剥取罗拉的表面也均装有针板，锡林的表面速度约为剥取罗拉表面速度的 4 倍，而剥取罗拉的表面速度是工作罗拉表面速度的 5 倍左右，因此在该工作区，一方面锡林和工作罗拉对纤维进行梳理，同时剥取罗拉将工作罗拉上的纤维剥取下来并返回给锡林，因而纤维在锡林、工作罗拉和剥取罗拉工作区之间经过多次梳理与混合。纤维层中的部分杂质，也在此被分离出去。

锡林针面带着经锡林、工作罗拉和剥取罗拉工作区反复多次梳理混合的纤维进入锡林、道夫 10 之间的工作区。道夫表面包有梳针密度较密并且梳针倾斜角度较小的针板，其表面速度比锡林小得多，在两个针面作用时，一部分纤维被道夫梳针抓取而凝聚在道夫的针面上，再由牵伸罗拉 11 剥取，形成麻网后，经上压辊 12 和出条罗拉 13 引入自动成卷机 14，制成麻卷。

（三）DJ061 型开绵机

1.DJ061 型开绵机的组成

DJ061 型开绵机主要由喂绵帆布帘子、喂绵刺辊、持绵刀、开绵锡林、工作辊、圆毛刷、剥绵沟槽罗拉等组成，如图 2-2-3 所示。

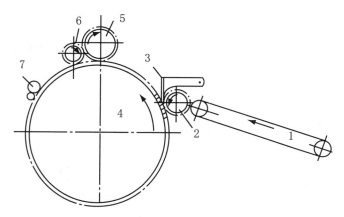

1—喂绵帘；2—喂绵刺辊；3—持绵刀；4—开绵锡林；
5—工作罗拉；6—圆毛刷；7—出绵罗拉

图 2-2-3　DJ061 型开绵机结构与工艺过程

2.DJ061 型开绵机的工艺过程（见二维码 2-2-3）

DJ061 型开绵机的工艺过程如图 2-2-3 所示。将精练后的精干绵按一定的比例调配成调合球，并按规定的顺序均匀地铺放在喂绵帘 1 上。绵层随喂绵帘的输送进入喂绵刺辊 2 和持绵刀 3 组成的握持钳口之间，喂绵刺辊表面包有钢针，与持绵刀一起控制绵层进入开绵锡林 4 和工作罗拉 5 组成的梳理区。

2-2-3

锡林的表面包覆有针板，并且其表面速度比喂绵刺辊大得多。进入锡林的绵层受到高速回转的锡林梳针梳理，纤维块（束）得到扯松分解，过长的纤维被拉扯断裂，同时部分杂质被清除。开松梳理后的纤维由锡林梳针继续带向锡林、工作罗拉和圆毛刷 6 组成的工作区。工作罗拉的表面也包覆有钢针，锡林上的纤维再次受到锡林和工作罗拉两针面梳针的梳理，圆毛刷的作用一方面是清除工作罗拉针面上的纤维并返回给锡林，同时将锡林针面上的纤维压向针根，保持工作罗拉和锡林始终在清洁状态下工作，以提高它们对纤维的分梳和抓取能力。当一只调合球的纤维全部卷绕到锡林上后，即关车，用剪刀沿锡林表面无针区将绵层横向剪断，再由出绵罗拉将绵层送出机外，用手工卷成开绵球。

要求学生了解三种开松设备的结构和工艺过程及其不同点；对照实验用开松机，现场绘制其传动系统简图，并画出开松机的工艺过程简图。

五、作业与思考题

1. 毛、麻、绢等长纤维的开松与棉的开松有何不同？为什么？
2. 比较和毛机、FZ002 型苎麻开松机与 DJ061 型开绵机的异同点。

实验三　盖板梳理工艺与设备

一、实验目的与要求

（1）了解盖板梳理的工艺流程。

（2）了解盖板梳理设备的结构和各机件的主要作用。

（3）了解盖板梳理设备的传动系统。

二、基础知识

梳棉机用于梳理纯棉、化纤及其混纺纤维。经过清棉工序的原料由喂棉箱喂入梳棉机，此机对棉层进行开松、混合、分梳和除杂，使呈现卷曲状的棉团分梳成基本伸直的单纤维状态，并清除清花工序遗留下来的破籽杂质和短绒，经过牵伸集合成一定规格的棉条储存在棉条筒内供下道工序使用。

原棉或棉型化纤经开清棉工序后制成棉卷。由于棉卷中有大量的小棉束和杂质、疵点等，因而还需要对棉卷进行梳理加工，将小棉束分解成单纤维，并清除杂质和疵点。因此，盖板梳理机的主要任务如下：

1. 将原料开松分解成单纤维状态

开清加工只是将原料开松成棉束状态，而梳棉加工则是将其开松成单纤维状态，只有这样才能将杂质去除，并保证其他工序的顺利进行。

2. 去除杂质

杂质的去除主要（但不是唯一）发生在刺辊区域，只有一小部分杂质被盖板（以盖板花的形式）排除或者在其他区域落下。现代梳理机的清洁程度很高，一般可达 $80\% \sim 95\%$。但经过开清和梳理加工的生条中还有极少量的杂质。

3. 梳开棉结

开清工序中，随着原棉从一台机器到另一台机器，其中的棉结含量是逐渐增加的，而梳棉机会使棉结含量降低。大部分棉结在梳棉机上被梳理开松，小部分没有被梳理开松的棉结通过盖板（以盖板花的形式）被去除。

4. 去除短绒

梳理加工中，短纤维（短绒）由于其与锡林表面针齿的接触面积小，容易被盖板针布抓取，长纤维则更多的是被锡林表面针齿握持。因此，大多数短纤维被盖板针布带出梳理区，随盖板花被去除。

5. 混合纤维

梳理加工中，各机件之间的相互作用使纤维得到充分的混合、均匀；在梳棉机棉网形成过程中，还可以实现横向的混合。

6. 成条

梳棉机的最终目的是将纤维原料制成可供进一步加工的半成品，即生条。

三、实验设备

盖板梳棉机。

四、实验内容

本实验主要介绍盖板梳棉机。清梳联（棉箱喂入）的单刺辊梳棉机、清梳联（棉箱喂入）的三刺辊梳棉机、棉卷喂入的梳棉机这三种形式的盖板梳棉机见二维码 2-3-1。

2-3-1

1. 盖板梳棉机的组成

棉箱喂入的盖板梳棉机主要由棉箱、喂给及预梳部分、主梳理部分、输出成条部分等组成（见图 2-3-1）。

（1）棉箱，由上棉箱、喂棉罗拉、开松辊、下棉箱、输出罗拉、淌棉板等组成。

（2）喂给及预梳部分，由给棉板、给棉罗拉、刺辊、除尘刀、分梳板等组成。

（3）主梳部分，由锡林、固定盖板、活动盖板、道夫、大漏底等组成。

（4）输出成条部分，由剥取罗拉、上下压辊、成条皮带、大喇叭口、大压辊、圈条器等组成。

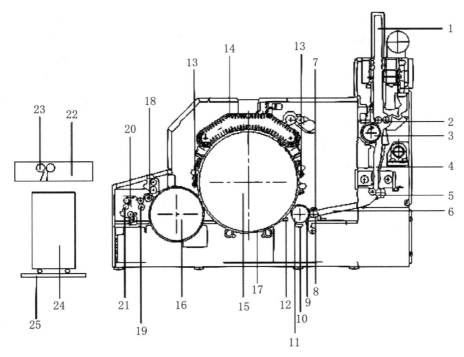

1—上棉箱；2—喂棉罗拉；3—开松辊；4—下棉箱；5—输出罗拉；6—淌棉板；7—给棉板；
8—给棉罗拉；9—除尘刀；10—分梳板；11—刺辊；12—三角小漏底；13—固定盖板；
14—活动盖板；15—锡林；16—道夫；17—大漏底；18—剥取罗拉；19—上下压辊；
20—大喇叭口；21—大压辊；22—圈条器；23—小压辊；24—条筒；25—条筒底盘

图 2-3-1　棉箱喂入的盖板梳棉机结构

2. 盖板梳理机的工艺过程（见二维码2-3-2）

2-3-2

如图2-3-1所示，梳棉管道输送的纤维流进入上棉箱，其中气流通过网眼板溢出输送到滤尘系统管道，纤维保留下来，位于上棉箱底部的喂棉罗拉由一对沟槽罗拉组成。沟槽罗拉握持着纤维束喂入，被高速旋转的开松辊筒打击开松后，纤维飘落在下棉箱均匀地堆积，位于下棉箱底端的输出罗拉由一对沟槽罗拉组成，沟槽罗拉相对旋转，将下棉箱堆积的棉纤维以纤维层的形式输出，经淌棉板进入梳棉机给棉罗拉和给棉板之间。给棉罗拉旋转，纤维层被给棉罗拉和给棉板握持喂入被高速旋转的刺辊开松，刺辊表面包有金属锯条，对喂入的纤维层起到开松与分梳作用。刺辊下面装有除尘刀和分梳底板，由刺辊高速离心力的作用，纤维层经过与除尘刀和分梳板时，大部分杂质和短纤维被排出掉。开松后的长纤维束通过三角小漏底与锡林相遇。

锡林表面包有金属针布，其表面速度大于刺辊。锡林针齿将刺辊表面的纤维剥取过来，经后罩板进入锡林、盖板梳理区。盖板表面包有弹性针布。锡林的表面速度远大于盖板。纤维束在两个针面的作用下被分梳成单纤维状态，并得到充分混合，同时分离出细小的杂质。盖板针面上充塞的纤维和杂质，在离开工作区之后，被上清洁辊剥下成为盖板花。被锡林针齿抓取的纤维经前上罩板、抄针门、前下罩板，与道夫相遇。

道夫表面也包覆有金属针布，其表面速度比锡林低得多。在两个针面的作用下，锡林针布上一部分纤维被凝聚到道夫针面上，其余大部分纤维随着锡林回转经大漏底17并会同从刺辊上剥取的纤维一起，重新进入锡林、盖板工作区，形成反复循环梳理混合。凝聚在道夫针面上的纤维层，由剥棉罗拉18剥下，经上下轧辊19输出，形成薄薄的一层棉网，再经喇叭口20和大压辊21汇合成棉条。棉条进入圈条器22，并有规律地被圈放在条筒24内。

要求学生在初步了解机构组成和工艺过程的基础上，进一步仔细观察，了解以下内容：

（1）棉箱的结构和主要工作部件。

（2）给棉板的形状和给棉罗拉表面的沟槽形状。

（3）刺辊、锡林、道夫的针布规格，以及指针方向、回转方向和相对运动速度。

（4）除尘刀、刺辊分梳板、三角小漏底、大漏底的形状。

（5）盖板的形状、针布规格和运动速度。

（6）三罗拉剥取机构。

（7）圈条机构。

（8）全机的传动系统。

另外，要求学生对照实验用盖板梳理机，现场绘制其传动系统草图。

五、作业与思考题

1. 说明盖板梳理的结构与主要作用。

2. 绘出盖板梳理机工艺过程简图，标出梳理机件的运转方向、相对运动速度及植针方向，并说明它们之间的相互作用属于什么性质。

实验四　罗拉梳理工艺与设备

一、实验目的与要求

(1) 了解罗拉梳理机的工艺过程。

(2) 了解罗拉梳理机的结构及各机件的主要作用。

(3) 了解罗拉梳理机的传动系统。

二、基础知识

罗拉梳理机主要的工作任务是将长（毛型）纤维开松、梳理、混合、除杂，对粗梳毛纺而言是制成粗纱，对精梳毛纺而言是制成毛条，对苎麻纺而言是制成麻条，对绢纺而言则是制成绵条。梳理作用的实现主要靠针齿对纤维的作用。

罗拉梳理的实质与盖板梳理一样，依靠对纤维具有一定握持力的两个针齿面做相对移动，使纤维受到两个针齿面的共同作用而被扯松、梳理，由于两个针齿面上针齿的倾斜方向、倾斜角度、相对运动方向和速度不同，它们产生的作用性质不同，一般分为分梳、剥取、提升三种。

三、实验设备

罗拉梳理机。

四、实验内容

2-4-1

本实验主要介绍 CZ191 型罗拉梳理机（见二维码 2-4-1）。

1. CZ191 型罗拉梳理机的结构

CZ191 型罗拉梳理机主要由喂给、预梳部分及主梳部分和输出成条部分等组成，如图 2-4-1 所示。

(1) 喂给、预梳部分，由退卷罗拉、沟槽罗拉、喂入针辊、分梳辊、转移辊等组成。

(2) 主梳部分，由锡林、工作辊、剥取辊、大漏底等组成。

(3) 输出成条部分，由道夫、剥取罗拉、转移罗拉、上下轧辊、喇叭口、大压辊、圈条器等组成。

2. CZ191 型罗拉梳理机的工艺过程（见二维码 2-4-2）

图 2-4-1 还展示了 CZ191 型罗拉梳理机的工艺过程。由开松机制成的麻卷 1 放在退卷罗拉 2 上，随着退卷罗拉的回转，麻卷逐层退解并经喂麻板 3 喂入。麻层在一对沟槽罗拉 4 和喂给针辊 5 的握持下向前，被输送至回转的分梳罗拉 6。分梳罗拉表面包有金属针布，因而纤维受到梳理。毛刷 7 的作用主要是清洁上喂给针辊，同时将上喂给针辊针面上的纤维转移到分梳罗拉上。

分梳罗拉上的纤维经转移罗拉 8 的转移而与锡林 9 相遇。锡林表面也包有金属针布，其表面速度大于转移罗拉，锡林针齿对转移罗拉表面的纤维进行剥取，并带向锡林、工作罗拉 10 和剥取罗拉 11 组成的工作区。全机共有四对工作罗拉和剥取罗拉。工作罗拉和剥取罗拉上均包有金属针布。由于锡林的表面速度大于剥取罗拉,而剥取罗拉的表面速度又大于工作罗拉,因而纤维在锡林、工作罗拉和剥取罗拉工作区之间受到反复的梳理和混合作用。

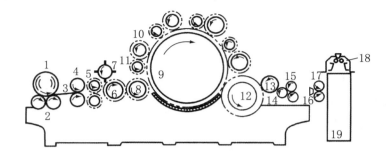

1—麻卷;2—退卷罗拉;3—喂麻板;4—沟槽罗拉;5—喂给针辊;6—分梳罗拉;
7—毛刷;8—转移罗拉;9—锡林;10—工作罗拉;11—剥取罗拉;12—道夫;
13—剥取辊;14—转移辊;15—上下轧辊;16—喇叭口;17—大压辊;18—圈条器;19—条筒

图 2-4-1　CZ191 型罗拉梳理机的结构和工艺过程

纤维经反复循环多次梳理混合,由锡林针面带向锡林、道夫 12 间的工作面。道夫表面也包有金属针布,其表面速度远小于锡林。在两个针面的作用下,部分纤维被道夫针齿抓取,即形成道夫对锡林针面上纤维的凝聚作用。被道夫针齿抓取的纤维,经剥取辊 13、转移辊 14 和上下轧辊 15 等剥取装置剥取后,形成薄薄的一层纤维网,再经喇叭口 16 和大压辊 17 汇集成纱条。圈条器 18 将纱条有规律地圈放在条筒 19 内。

要求学生在初步了解机构的组成和工艺过程的基础上,进一步仔细观察,了解以下内容:

(1)退卷罗拉和沟槽罗拉的表面形状。

(2)喂入针辊的梳针形状和沟槽罗拉的沟槽形状。

(3)分梳辊、转移辊、锡林、工作罗拉、剥取罗拉、道夫的针布规格、植针方向及回转方向。

(4)四罗拉剥取机构和斩刀剥取装置。

(5)圈条机构。

另外,要求学生对照实验用罗拉梳理机,现场绘制其传动系统简图。

五、作业与思考题

1. 画出罗拉梳理机工艺过程简图,标出各机件的回转方向、相对运动速度及植针方向,并说明它们之间的相互作用属于什么性质。

2. 比较罗拉梳理机与盖板梳理机的不同点。

3. 简述喂入部分的传动受道夫控制的原因。

实验五　精梳前准备工艺与设备

一、实验目的与要求

（1）了解精梳前准备的工艺过程。

（2）了解精梳前准备各机台的结构及各机件的主要作用。

（3）了解精梳准备工艺流程的"偶数准则"。

二、基础知识

梳理机输出的条子通常称为生条。生条中有较多的短纤维、杂质、棉结和疵点，纤维排列混乱，伸直度差，而且大部分纤维呈后弯钩状态。若要纺制高质量的纱线，生条须经过精梳加工。若直接采用生条在精梳机上加工，会形成大量的落棉、棉结，并造成纤维损伤。同时，锡林梳针的梳理阻力大，易损伤梳针。为适应精梳机工作的要求及提高精梳机的产质量和节约用棉，生条在喂入精梳机前应经过精梳前准备工序，预先制成能适应精梳机加工且品质优良的小卷。在棉型和毛型纺纱系统中，精梳前准备工序的目的都是相同的，只是机台及配置有所不同。精梳前准备的目的如下：

（1）提高棉层内纤维的伸直度、分离度及平行度，以便减少精梳过程对纤维、机件的损伤以及落纤量。

（2）提高棉卷中纤维弯钩的一致性，减少后弯钩及双弯钩纤维的含量。

（3）制成可喂入精梳机的棉卷，并且有效提高棉卷的均匀度。

1. 棉纺精梳前准备

精梳前准备机械有预并条机、条卷机、并卷机和条并卷联合机四种，除预并条机为并条工序通用的机械外，其他三种均为精梳准备专用机械。现代棉纺纺纱系统中，精梳前准备工艺流程有三种，其对应的精梳准备工艺流程如图 2-5-1 所示。目前，绝大多数纺纱企业采用预并条-条并卷联合工艺。三种精梳前准备工艺流程的特点如下：

（1）预并条-条卷工艺。机器少，占地面积小，结构简单，便于管理和维修；由于牵伸倍数小，小卷中纤维的伸直平行不够，且制成的小卷上有条痕，横向均匀度差，精梳落棉多（见二维码 2-5-1）。

（2）条卷-并卷工艺。小卷成形良好、层次清晰，而且横向均匀度好，有利于梳理时钳板的握持，落棉均匀（见二维码 2-5-2）。

（3）预并条-条并卷联合工艺。小卷并合次数多，成卷质量好，小卷质量不匀率小，有利于提高精梳机的产量和节约用棉。但牵伸倍数过大，易发生黏卷，对车间温湿度的要求高，占地面积也大（见二维码 2-5-3）。

2-5-1

2-5-2

2-5-3

2. 毛纺精梳前准备

毛纺精梳前准备工序一般由 2～3 台针梳机组成，国产设备采用 3 台针梳机的居多。毛条中的纤维在牵伸过程中除了受到周围纤维的摩擦作用，还受到针板上梳针的梳理作用。毛条中的纤维弯钩经过 2～3 次针梳，其大部分弯钩可以消除。由于使用 6～8 根毛条喂入及 2～3 道针梳机的反复并合，因此毛条的均匀度得到较大程度的改善。

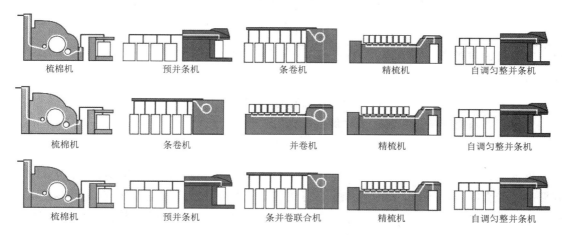

梳棉机　　　预并条机　　　条卷机　　　精梳机　　　自调匀整并条机

梳棉机　　　条卷机　　　并卷机　　　精梳机　　　自调匀整并条机

梳棉机　　　预并条机　　　条并卷联合机　　　精梳机　　　自调匀整并条机

图 2-5-1　棉的三种精梳前准备工艺流程

3. 麻纺、绢纺精梳前准备

苎麻纺、亚麻纺（短麻纺）和绢纺采用直型精梳机时，其精梳前准备的要求与毛纺精梳前准备基本相同，但是在进行麻、绢精梳加工时，因纤维的伸直度和分离度较好，精梳前准备工序一般采用两道（偶数）针梳机。

三、实验设备

预并条机、条并卷联合机。

四、实验内容

1. 预并条机

即并条机，详见本章实验八。

2. 条并卷联合机

（1）条并卷联合机的组成。条并卷联合机主要由条子喂入、并合牵伸、输棉平台、紧压轧光、卷绕成形等部分组成。

①条子喂入部分。条子喂入有两种方式，垂直于输棉平台喂入和沿输棉平台喂入，如图 2-5-2 所示。可同时喂入 16～32 根棉条，根据工艺要求选择喂入的棉条根数。见二维码 2-5-4。

2-5-4

②并合牵伸部分。此部分有两套牵伸机构，采用三上三下的牵伸形式，由气缸加压。

③输棉平台部分。此部分由不锈钢台面、导向柱及两对压辊组成。每个牵伸装置的前方各有一对压辊，用来牵引牵伸输出的棉层。

④紧压轧光部分。此部分由四根紧压罗拉组成，四根罗拉呈曲线分布，采用气动加压，逐辊压紧。棉层在各罗拉之间曲折绕行，受到反复轧光作用，然后在牵伸作用下输出。

⑤卷绕成形部分。此部分有两种形式，即罗拉式和带式卷绕。

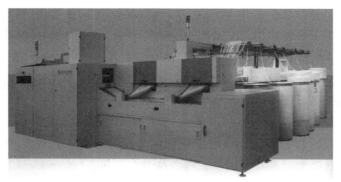

(a) 棉条垂直于输棉平台喂入

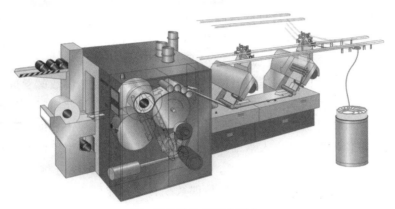

(b) 棉条沿输棉平台喂入

图 2-5-2 不同喂入方式的条并卷联合机

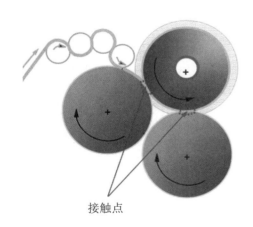

接触点

图 2-5-3 罗拉式卷绕装置

图 2-5-4 带式卷绕装置

　　罗拉式卷绕装置由前成卷罗拉、后成卷罗拉和棉卷加压机构组成，如图 2-5-3 所示。前成卷罗拉工作表面为光面，在成卷过程中能轧光棉卷表面，保证成卷的质量；后成卷罗拉工作表面为沟槽，可使成卷过程中棉卷传动时不打滑，避免产生意外牵伸，有利于保证棉卷的质量；棉卷加压机构由棉卷加压支架、加压气缸、成卷圆盘及圆盘夹持气缸组成，其作用是在成卷时加压。气缸将棉卷加压支架向下拉，对棉卷施加一定的压力；与此同时，成卷圆盘在圆盘夹持气缸的作用下夹持住筒管，对棉卷施加侧向压力，使成卷后的棉卷既紧密，两侧也平齐，符合精梳加工要求。

带式卷绕装置如图 2-5-4 所示。带式卷绕工艺的优点包括：从成卷开始到成卷结束，皮带始终以柔和的方式控制纤维的运动，将压力均匀地分布在棉卷的圆周上，可减少精梳小卷在退绕过程中产生的黏卷现象。

⑥自动上筒管及自动落卷部分。自动上筒管部分包括筒管库、筒管翻转、送筒管等机构；自动落卷部分包含断卷、推卷及翻卷机构、移卷小车等。

（2）条并卷联合机的工艺过程（见二维码 2-5-4）。并条机上制成的棉条从棉条筒中被牵引出来，经棉条导条架，排列成合适的宽度，分别进入两个牵伸部位，从两个牵伸部位出来后形成两层棉网，其重叠并合后进入紧压罗拉。棉网受到四个压辊的 S 形挤压作用压紧后，被卷绕到筒管上。当卷绕到设定的长度形成棉卷时，棉卷自动断卷并被推出，换上新的空筒管，机器继续运行生产。

（3）精梳准备工艺流程的偶数准则。精梳准备工艺道数应遵循偶数配置准则。精梳机的梳理特点是上、下钳板握持棉丛的尾端，锡林梳理棉丛的前端，因此当喂入精梳机的纤维呈前弯钩状态时，易于被锡林梳直；而纤维呈后弯钩状态时，无法被锡林梳直，在被顶梳梳理时，会因后弯钩易被顶梳阻滞而进入落棉。因此，喂入精梳机的纤维呈前弯钩状态时有利于精梳。梳棉生条中后弯钩纤维占 50% 以上，由于每经过一道工序，纤维弯钩方向就改变一次，因此在梳棉与精梳之间，精梳准备工序按偶数配置，这样可使喂入精梳机的多数纤维呈前弯钩状。

五、作业与思考题

1. 分析三种精梳准备工艺流程的特点。
2. 分析精梳准备工艺道数遵循"偶数准则"的原因。

实验六　棉型精梳机工艺与设备

一、实验目的与要求

（1）了解棉型精梳机的任务和主要作用。

（2）熟悉棉型精梳机的机构、主要部件与作用。

（3）了解棉型精梳机的各项工艺参数及其调整方法。

（4）了解棉型精梳机的传动系统。

二、基础知识

质量要求较高的纺织品，它们用的纱或线都是经过精梳工艺后纺制而成的。精梳的实质是对纤维进行握持梳理，达到将纤维按长度分类的目的。因此精梳工程对纱线的质量和成本均有着密切的关系。

精梳工序的任务如下：

（1）去除纱条中不适应纺纱工艺要求的短纤维。

（2）进一步分离纤维，提高纱条中纤维的伸直平行度。

（3）较为完善地清除棉粒和杂质等。

（4）形成均匀、混合较好的精梳条。

三、实验设备和用具

棉型精梳机及精梳机专用工具。

四、实验内容

本实验主要介绍棉型精梳机。

1. 精梳机的组成（见二维码2-6-1）

棉型精梳机由车头部分1、车身部分2、车尾部分3等组成，如图2-6-1所示。

2-6-1

图 2-6-1　棉型精梳机

（1）车头部分包括主马达、齿轮箱、分离定时调节盘、分度盘、落棉刻度盘等。

（2）车身部分包含八个精梳工位，它们同步运行，制备出 8 根精梳条。8 根精梳条沿导棉板移动到车尾部分，进入牵伸装置。每个精梳工位由喂棉机构、钳持机构、梳理机构、分离接合机构、排杂机构及台面输出机构组成。

①喂棉机构包括承卷罗拉、给棉罗拉、给棉板及其传动机构。

②钳板机构包括钳板摆轴传动机构、钳板传动机构、钳板加压机构及上、下钳板等；

③梳理机构包括锡林、顶梳等。

④分离接合机构包括分离罗拉、分离皮辊及加压装置等。

⑤排杂机构包括毛刷、风斗及气流吸落棉装置等。

⑥台面输出机构包括导棉板、输出罗拉、输出皮辊、台面集束喇叭口、压辊、导条钉等。

（3）车尾部分由牵伸装置、集束器、精梳条传送带、喇叭口、沟槽压辊、圈条盘等组成。

①牵伸机构包括罗拉、皮辊、压力棒及摇架加压机构等。

②圈条机构包括圈条集束器、压辊、上圈条盘、下圈条盘等。

2. 棉型精梳机的工艺过程（见二维码 2-6-2）

棉型精梳机的工艺过程如图 2-6-2 所示。承卷罗拉 7 上的棉卷，随着承卷罗拉回转而退解为棉层，经导卷板 8 喂入置于下钳板上的给棉罗拉 9 与给棉板 6 组成的钳口。间歇回转的给棉罗拉，每次将一定长度（给棉长度）的棉层送入上下钳板 5 组成的钳口。钳板做周期性的前后摆动。钳口闭合时有力地钳持棉层，此时，锡林 4 上的梳针正

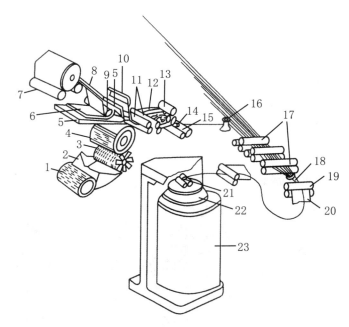

1—尘笼；2—风斗；3—毛刷；4—锡林；5—上下钳板；6—给棉板；7—承卷罗拉；8—导卷板；9—给棉罗拉；
10—顶梳；11—分离罗拉；12—导棉板；13—输出罗拉；14—喇叭口；15—导向压辊；16—导条钉；
17—牵伸装置；18—集束喇叭口；19—输送压辊；20—输送带；21—压辊；22—圈条盘；23—条筒

图 2-6-2　棉型精梳机的工艺过程

好转至钳口下方，针齿刺入棉层进行梳理，清除棉层中的部分短绒、结杂和疵点。高速回转的毛刷 3 清除嵌在锡林针面中的短绒、结杂、疵点等，并由风斗 2 吸附在尘笼 1 的表面而被清除。锡林梳理结束后，随着钳板的前摆，上钳板逐渐开启，梳理后的须丛逐步靠近分离罗拉 11 的钳口。分离罗拉倒转，将上一周期输出的棉网倒入机内。当钳板钳口外的须丛头端到达分离钳口时，与倒入机内的棉网相叠合，之后由分离罗拉输出。在张力牵伸的作用下，棉层挺直，顶梳 10 插入棉层，被分离钳口抽出的纤维尾端从顶梳片针隙间拽过，纤维尾端黏附的部分短纤维、结杂和疵点被阻留于顶梳梳针后边，待下一周期锡林梳理时除去。当钳板到达最前位置时，分离钳口不再有新纤维进入，分离结合工作基本结束。钳板开始后退，钳口逐渐闭合，准备进行下一个循环的工作。由分离罗拉输出的棉网，经过一个装有导棉板 12 的松弛区后，通过一对输出罗拉 13，再穿过设置在各眼一侧并垂直向下的喇叭口 14 而聚拢成条，由一对导向压辊 15 输出。各眼输出的棉条分别绕过导条钉 16 转动 90°，进入牵伸装置 17。棉条牵伸后经集束喇叭口 18，并由输送压辊 19 和输送带 20 托持，通过圈条集束器及一对压辊 21 和圈条盘 22 中的斜管，圈放在条筒 23 中。

　　3. 棉型精梳机的工作周期（见二维码 2-6-3）

　　棉型精梳机的工艺过程是周期性的往复运动。该设备周期性地分别梳理纤维须丛的两端，再将梳理后的纤维丛与由分离罗拉倒入机内、已梳理的纤维网接合，从而将新梳理好的纤维丛输出机外。在其一个运动周期中，有四个工作阶段，其任务和作用如下：

2-6-3

　　(1) 锡林梳理阶段。锡林梳理阶段如图 2-6-3 所示，锡林梳理阶段从锡林第一排针接触棉丛时开始，到末排针脱离棉丛时结束。在这一阶段，各主要机件的工作和运动情况如下：

　　上下钳板闭合，牢固地握持须丛；钳板运动先向后到达最后位置时，再向前运动；锡林梳理须丛前端，排除短绒和杂质；给棉罗拉停止给棉（对于前进给棉而言）；分离罗拉处于基本静止状态；顶梳先向后再向前摆动，但不与须丛接触。精梳机锡林梳理阶段一般约占 10 个分度。

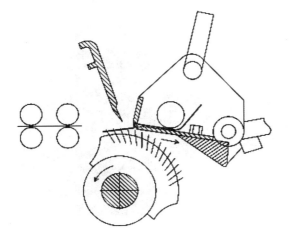

图 2-6-3　锡林梳理阶段

（2）分离前的准备阶段。如图 2-6-4 所示，分离前的准备阶段从锡林末排针脱离棉丛时开始，到棉丛头端到达分离钳口时结束。在这一阶段，各个主要机件的工作和运动情况如下：

上下钳板由闭合到逐渐开启，钳板继续向前运动；锡林梳理结束；给棉罗拉开始给棉（对于前进给棉而言）；分离罗拉由静止到开始倒转，将上一工作循环输出的棉网倒入机内，准备与钳板送来的纤维丛接合；顶梳继续向前摆动，但仍未插入须丛梳理。

（3）分离接合阶段。如图 2-6-5 所示，分离接合阶段从棉丛到达分离钳口时开始，到钳板到达最前位置时结束。在这一阶段，各主要机件的工作和运动情况如下：

上下钳板开口增大，并继续向前运动，同时将锡林梳过的须丛送入分离钳口；顶梳向前摆动，插入须丛梳理，将棉结、杂质及短纤维阻留在顶梳后面的须丛中，在下一个工作循环中被锡林梳针带走；分离罗拉继续顺转，将钳板送来的纤维牵引出来，叠合在原来的棉网尾端上，实现分离接合；给棉罗拉继续给棉直到给棉结束。

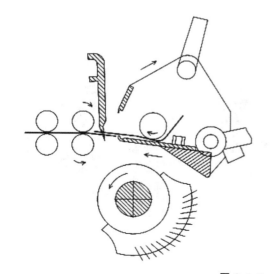

图 2-6-4　分离前的准备阶段

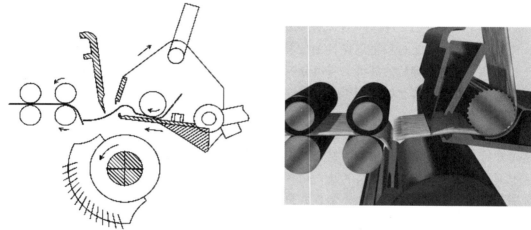

图 2-6-5　分离接合阶段

（4）锡林梳理前的准备阶段。如图 2-6-6 所示，锡林梳理前的准备阶段从钳板到达最前位置时开始，到锡林第一排针接触棉丛时为止。在这一阶段，各主要机件的工作和运动情况如下：

上下钳板向后摆动，逐渐闭合；锡林第一排针逐渐接近钳板钳口下方，准备梳理；给棉罗拉停止给棉（对于前进给棉而言）；分离罗拉继续顺转输出棉网，并逐渐趋向静止；顶梳向后摆动，逐渐脱离须丛。

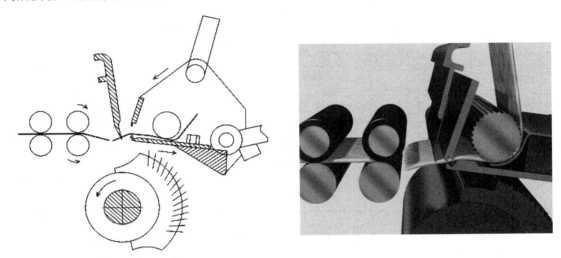

图 2-6-6 锡林梳理前的准备阶段

精梳机的机构比较复杂，而且其运动是周期性的，各部件必须协调有序地工作，各主要机件之间的运动必须密切配合。这种配合关系可由精梳机车头上的分度盘指示，分度盘将精梳机的一个工作周期分成 40 分度。在一个工作循环中，各主要部件在不同时刻（分度）的运动和相互配合关系可从配合图上看出，如图 2-6-7 所示。不同型号、不同工艺条件精梳机的运动配合也有所不同。

要求学生完成以下实验内容：

（1）打开车头箱盖，观察精梳机传动机构，了解传动路线。观察定时调节盘，了解分离罗拉顺转定时的调整方法。

（2）观察落棉刻度盘及钳板摆轴的传动机构，了解落棉隔距的调整方法。

（3）用手盘动机器，观察给棉罗拉的传动情况，观察分度盘并记录开始给棉及结束给棉定时。

（4）了解给棉长度的调整方法。

（5）观察钳板机构，用手盘动机器，观察钳板的运动情况，并记录上下钳板前进与后退、开启与闭合定时及钳板最前位置定时。

（6）观察锡林机构，了解梳针规格、排数及密度。熟悉锡林定位的方法，记录锡林的开始梳理定时、结束定时。

（7）观察顶梳结构，用手盘动机器，了解针齿规格及密度，观察顶梳的运动情况，并记录顶梳开始、结束定时。

（8）用手盘动机器，观察分离罗拉、分离皮辊的运动情况，并记录分离罗拉顺转、倒转定时。

（9）观察毛刷的结构和传动系统，了解精梳机吸落棉的形式和特点，记录毛刷插入锡林针齿的深度。

（10）观察精梳机的牵伸形式及加压装置。

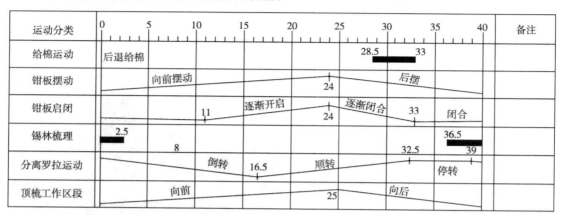

(a) JSFA588型

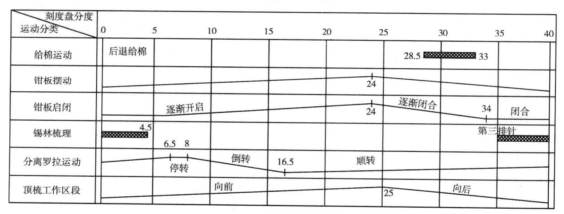

(b) HC500型

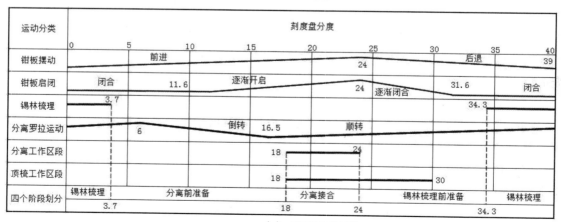

(c) SXF1269A型

图 2-6-7　不同型号棉精梳机的运动配合

五、作业与思考题

1. 精梳机的任务是什么？

2. 简述精梳机一个工作周期的四个工作阶段及各部件的运动状态。

3. 锡林与顶梳是如何梳理的？

4. 锡林针齿设置为什么前稀后密、前粗后细、前高后低？

5. 精梳机是怎样完成分离接合的？

6. 棉精梳条的均匀性是如何改善的？

7. 将实验中记录的各机件运动定时分度值填入下表，并画出精梳机的运动配合图。

精梳机的运动参数

给棉罗拉		钳板运动			
给棉开始	给棉结束	前进	后退	开启	闭合

锡林梳理		顶梳梳理		分离罗拉		分离皮辊	
开始	结束	开始	结束	顺转	倒转	前摆	后摆

实验七　毛型精梳工艺与设备

一、实验目的与要求

（1）了解毛型精梳机的工艺过程。

（2）了解毛型精梳机的结构及各机件的主要作用。

（3）了解毛型精梳机的工作周期。

（4）了解毛型精梳机的传动系统。

（5）了解毛型精梳机的调整。

二、基础知识

由于毛、苎麻和绢等纤维长度长、纤维长度差异大，因此，为提高纤维长度的整齐度，毛纺、苎麻纺和绢纺等毛型长度纤维纺纱加工都采用精梳工序。精梳的目的与任务和棉纺中相同。

三、实验设备

毛型精梳机。

四、实验内容

本实验主要介绍毛、麻、绢等长纤维适用的直型精梳机。

1. 毛型精梳机的组成（见二维码 2-7-1）

毛型精梳机主要由喂入机构、钳制机构、梳理机构、拔取分离机构、清洁机
构和出条机构等部分组成（见图 2-7-1）。

2-7-1

（1）喂入机构，包括条筒喂入架、导条板、喂给罗拉、喂入托毛铜板、给进梳和给进盒等。

（2）钳制机构，包括上下钳板和铲板。

（3）梳理机构，包括圆梳（即锡林）和顶板。

（4）拔取分离机构，包括拔取罗拉、拔取皮板和上、下打断刀等。

（5）清洁机构，包括圆毛刷、道夫、斩刀和落毛箱等。

（6）出条机构，包括出条罗拉、喇叭口、紧压罗拉和条筒等。

2. 毛型精梳机的工作过程（不同型号的毛精梳机见二维码 2-7-2）

图 2-7-1 所示为毛、麻、绢等长纤维适用的毛型精梳机工艺过程。

从条筒上引出的纱条，分别穿过导条板 1 和 2 的孔眼，均匀地排列在第一托

2-7-2

毛板 3 上，由喂给罗拉 4、给进盒 6 和给进梳 7 间歇喂入。当纱条进入开启的上下钳板 8 的钳口以后，上下钳板即闭合并握持住须丛的后端，分理出短纤维和杂质。圆梳 14 的针面弧上有十九排针板，从第一排到最后一排，针板上的梳针细度逐渐减小而密度逐渐增加，并且做不等速回转，这样既可以保证圆梳对须丛纤维头端的梳理效果，又能尽量减少对纤维造成的损伤。

圆毛刷 15 装在圆梳的下方，对圆梳梳针上的短纤维进行清刷，再经道夫 16 凝聚后由斩刀 17 剥下，储放在短（落）毛箱 18 内。

当圆梳梳理完毕时，铲板 9 托起纤维须丛，拔取罗拉 13 正转进行拔取。顶梳 10 上的梳针插入须丛，对纤维须丛的尾端进行梳理，拔取车向外摆动，上下打断刀 11、12 闭合，分离纤维。

短纤维和杂质被顶梳梳针截留，拔取分离后的长纤维形成网状并铺放在拔取皮板 22 上，再通过卷取光罗拉 24、集毛斗 25 和出条罗拉 26 聚集成条后进入条筒 27。

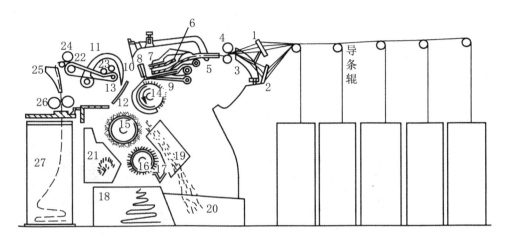

1，2—导条板；3—第一托毛板；4—喂给罗拉；5—第二托毛板；6—给进盒；7—给进梳；
8—上下钳板；9—铲板；10—顶梳；11，12—上下打断刀；13—拔取罗拉；14—圆梳；
15—圆毛刷；16—道夫；17—斩刀；18—短（落）毛箱；19—尘道；20，21—尘箱；22—拔取皮板；
23—拔取导辊；24—卷取光罗拉；25—集毛斗；26—出条罗拉；27—条筒

图 2-7-1　毛型精梳机工艺简图

3．毛型精梳机的工作周期

毛型精梳机与棉型精梳机虽然在机构上有一定差异，但其工作原理基本相同，即都是周期性地分别梳理纤维须丛的两端，再将梳理后的纤维丛与已经过梳理并由分离（或拔取）罗拉倒入机内的纤维网接合，从而使新梳理好的纤维丛输出机外。毛型精梳机在一个工作周期的四个工作阶段内，各主要机件的运动配合如下：

（1）圆梳梳理阶段（见图 2-7-2）：

①上下钳板闭合，握持住纤维须丛。

②圆梳梳针插入纤维，对须丛头端进行梳理。

（2）拔取前准备阶段（见图 2-7-3）：

①上下钳板逐渐张开，做好拔取前的准备。

②铲板向钳口方向移动，托起须丛纤维头端。

③顶梳向下移动，准备插入须丛纤维。

④拔取车向钳口方向摆动，准备拔取。

⑤上下打断刀张开，准备拔取。

（3）拔取叠合与顶梳梳理阶段（见图2-7-4）：

①拔取罗拉正转，进行拔取。

②上下钳板完全张开、静止。

③顶梳向下刺透须丛，并向前移动。

④给进梳、给进盒向前移动，喂入一定长度的纤维层。

⑤上下打断刀逐渐闭合，准备分离纤维。

⑥拔取车离开钳口，进行拔取．

（4）梳理前准备阶段（见图2-7-5）：

①铲板向后缩回。

②圆梳上有针弧面转向钳板正下方，准备梳理。

③上下钳板逐渐闭合，握持须丛。

④顶梳上升。

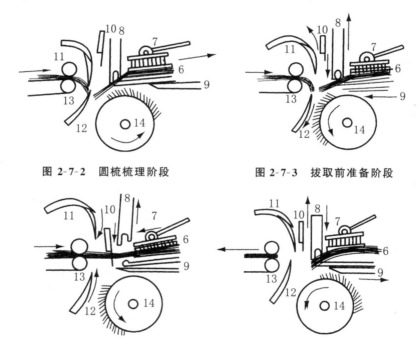

图 2-7-2　圆梳梳理阶段　　　　图 2-7-3　拔取前准备阶段

图 2-7-4　拔取叠合与顶梳梳理阶段　　　图 2-7-5　梳理前准备阶段

4. 毛型精梳机的传动系统

直型精梳机上，除圆梳锡林、圆毛刷、道夫等机件做连续回转运动外，其余主要机件的运动和配合由九只凸轮控制。要求学生了解九只凸轮分别控制哪些机件的运动。

5. 毛型精梳机的调整

毛型精梳机的调整包括机械调整和工艺调整。本实验内容主要是按工艺要求进行以下内容的调整：

（1）喂入长度的调整。

（2）拔取隔距的调整。

（3）拔取长度的调整。

（4）叠合长度的调整。

五、作业与思考题

1. 毛型精梳机与棉型精梳机有何区别？

2. 提高毛型精梳机的生产效率有哪些可能的方法？

实验八　并条工艺与设备

一、实验目的与要求

（1）了解并条机的组成及工艺过程。

（2）熟悉并条机的机构，了解各机件的作用。

（3）了解并条机的传动系统。

二、基础知识

由梳棉机输出的棉条（生条）质量不匀率较大，条子中大部分纤维呈弯钩或卷曲状态，而且有一小部分小棉束。因此，生条还不能直接纺制成质量符合要求的纱，必须先经过并条工序制成熟条。

（1）通过多根棉条的并合均匀作用，改善其长片段不匀（即质量不匀）。通过并条加工形成的熟条，其质量不匀率应达到1%左右，质量偏差应控制在1%以内。

（2）由于并合会使纱条变粗，因此并条机在并合的同时须对纱条进行牵伸细化，在牵伸过程中还会使纤维伸直平行，消除纤维弯钩和卷曲。

（3）利用并合和牵伸，将纤维混合均匀，是并条工序极为重要的任务。

目前，棉型并条机牵伸机构的形式主要是四上三下压力棒曲线牵伸。

三、实验设备

棉型并条机。

四、实验内容

本实验主要介绍棉型并条机。图2-8-1所示为具有自调匀整功能的棉型并条机。

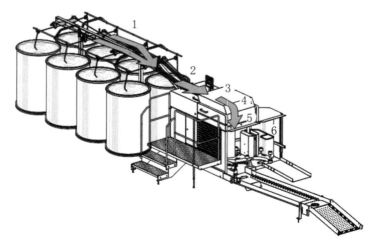

1—导条架；2—检测装置；3—牵伸系统；4—集束加压装置；5—圈条器；6—条筒

图2-8-1　棉型并条机

1. 并条机的组成（见二维码 2-8-1）

（1）导条架。导条架的主要作用是将棉条从条筒上连续稳定地牵引出来，并将其输送到检测装置内，在输送过程中确保纤维无意外牵伸。

2-8-1

（2）牵伸系统。牵伸系统采用三下四上压力棒式牵伸结构（见图 2-8-2），其中：三下指后罗拉、中罗拉、前罗拉；四上指后上皮辊、中上皮辊、前上皮辊、偏转皮辊；压力棒位于前罗拉和中罗拉之间。

（3）成条系统，包括圈条器和条筒。

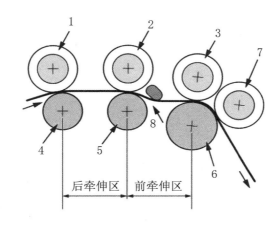

1—后上皮辊；2—中上皮辊；3—前上皮辊；4—后罗拉；
5—中罗拉；6—前罗拉；7—偏转皮辊；8—压力棒

图 2-8-2 三下四上压力棒牵伸系统结构

2. 并条机的工艺过程（见二维码 2-8-2）

条子从条筒内引出后，通过导条台上的导条罗拉和导条压向前输送，再由给棉罗拉喂入牵伸区。由于牵伸装置中各对罗拉的表面速度由后向前逐渐增大，因而喂入的多根条子被逐渐拉成薄片，再通过集束器的初步汇集后由集束罗拉输出，经喇叭口成条、压辊压紧，最后通过圈条器有规律地圈放在机前的条筒内。

2-8-2

要求学生在初步了解机构组成和工艺过程之后，进一步仔细观察，了解以下内容：

（1）并条机牵伸装置的结构和形式。

（2）罗拉表面沟槽状况和皮辊结构。

（3）清洁装置的结构和作用。

（4）圈条机构的结构。

（5）全机传动系统。

另外，要求学生对照实验用并条机，现场绘制其传动系统简图。

五、作业与思考题

1. 画出并条机牵伸部分工艺过程简图，分析牵伸装置的形式及特点。

2. 画出并条机传动系统简图，并注明各变换齿轮的位置及其作用。

3. 根据给定的棉条定量和实验用机台现场配备的变换件，计算一台并条机的理论产量（kg/h）。

实验九　针梳工艺与设备

一、实验目的与要求

（1）了解高速针梳机的组成及工艺过程。

（2）熟悉梳箱结构并了解各机件的作用。

（3）了解液压加压的工作原理和结构。

二、基础知识

在长纤维纺纱过程中，针梳机相当于并条机，对条子进行并合、牵伸。一般在精梳工序前采用2～3道针梳，精梳加工后再经3～5道针梳。由于梳理机输出的条子中纤维存在"弯钩"现象，而且大都不够伸直平行，如果直接上精梳机，易造成纤维损伤和梳针损坏，同时制成率降低。因此，在精梳之前进行2～3道针梳，使纤维的伸直平行度改善。精梳之后进行3～5道针梳，其主要作用是将精梳机输出的有明显周期性不匀的条子通过并合和牵伸，使条子的均匀度得到较大的改善。精梳前后采用的针梳机结构基本相同，只有梳箱规格、梳针细密程度不同，精梳之后的针排更为细密。

三、实验设备

高速针梳机。

四、实验内容

本实验主要介绍B306型或B423型或CZ304型等高速针梳机。

（一）针梳机的组成（见二维码2-9-1）

针梳机工艺过程如图2-9-1所示。

2-9-1

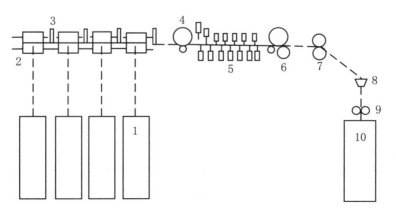

1—条筒；2—导条罗拉；3—导条棒；4—后罗拉；5—针板；6—前罗拉；
7—出条罗拉；8—喇叭口；9—圈条罗拉；10—条筒

图 2-9-1　CZ304 型针梳机工艺过程

1. 喂入机构

针梳机的喂入机构，根据喂入卷装的形式不同，有两种：一种是条筒喂入（见图 2-9-1）；另一种是毛（麻）球喂入。目前，高速针梳机采用纵列式喂入架，即八对导条罗拉分别安装在喂入端的两侧，在喂入架的下方也可安装双层卧式退卷滚筒。这种喂入架既可用于条筒喂入，也可用于毛（麻）球喂入。

2. 牵伸机构

针梳机的牵伸机构主要由喂入导条板、后罗拉、梳箱、前罗拉等机件组成。

（1）梳箱（见图 2-9-2 及二维码 2-9-1）。梳箱是针梳机牵伸机构的主要部分。每只梳箱内有针板 88 块，它们分为四层放置：中间两层针板互相交叉，插入纤维层，以控制纤维运动；上层、下层针板为回程针板，与中间两层工作针板组成循环，以便轮流控制纤维运动。

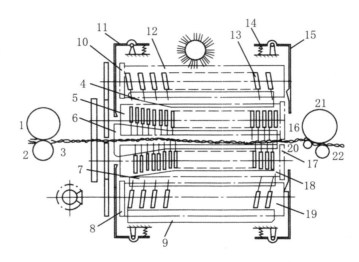

1—大压辊；2—后罗拉；3—毛条；4，6，7，9—导轨；5，18—工作螺杆；
8，10，16，17—打手；11—后挡板；12，19—回程螺杆；13—针板；
14—弹簧；15—前挡板；20，22—前下罗拉；21—前上罗拉

图 2-9-2　针梳机梳箱结构

梳箱左右两侧对称配置两对工作螺杆和回程螺杆。当针板被工作螺杆推到最前端时，会受到三叶凸轮的打击，此时针板落入回程螺杆的螺旋导槽。

（2）前罗拉。针梳机一般采用两个下罗拉、一个上罗拉，即前罗拉有两条握持线，利用小罗拉的握持线来缩小前钳口与针板之间的隔距，以达到缩小无控制区距离的目的。

3. 输出机构

针梳机的输出机构由出条罗拉、圈条装置等组成。圈条盘和条筒都做回转运动，而圈条盘的回转轴线与条筒的回转轴线之间有一个偏心距，以达到有规则的圈条目的。

（二）针梳机的工艺过程（见二维码 2-9-2）

如图 2-9-1 所示，喂入条子从条筒 1 上引出（或从退卷滚筒中的毛球上退出），经导条罗拉 2，进入后罗拉 4 和针板 5，再经前罗拉 6、出条罗拉 7、喇叭口 8、圈条罗拉 9，最后进入条筒 10。

2-9-2

（三）液压加压的工作原理（见图2-9-3）和作用

目前，国产针梳机一般采用脚踏油泵来对前罗拉加压和抬起上梳箱。脚踏加压泵，将油液压入油管。油液经三通、罗拉加压分配阀，进入稳压器，然后进入四通、三通，到达前罗拉加压装置油管。

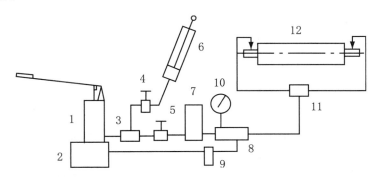

1—加压泵；2—油箱；3，11—三通；4，5—罗拉加压分配阀；6—抬梳箱柱塞式油缸；
7—稳压器；8—四通；9—安全阀；10—压力表；12—前罗拉

图 2-9-3　针梳机前罗拉加压及抬梳箱两用泵油路

抬起上梳箱是通过柱塞式油缸实现的。当需要抬起上梳箱时，先关闭罗拉加压分配阀，打开抬梳箱分配阀，油液由进油口压入并推动活塞柱向上运动，活塞杆与上梳箱螺钉连接，因此上梳箱被抬起。

要求学生对照实验用针梳机，绘制其传动系统草图。

五、作业与思考题

1. 是否有可能进一步提高针梳机的运转速度，目前存在哪些问题？
2. 针梳机与棉型并条机的牵伸有何不同，为什么？

实验十　自调匀整装置

一、实验目的与要求

（1）了解自调匀整器的作用原理。

（2）了解自调匀整器的组成及各主要机件的作用。

（3）了解自调匀整器的传动系统。

二、基础知识

自调匀整根据喂入或输出棉条（或棉层）的定量偏差（与额定值的差值），通过改变喂入罗拉或输出罗拉速度的方法，自动调整牵伸倍数，使纺出的棉条（或棉卷）定量保持稳定且符合要求的数值，同时还能够改善棉条（或棉卷）不同片段的质量不匀率。

自调匀整的原理可用下列方程表示：

$$VG = C$$

式中：V 表示喂入或输出罗拉的线速度；G 表示喂入或输出条子的线密度；C 为常数。

自调匀整按控制方式分有开环式、闭环式、混合环式三种。

1. 开环式

如图 2-10-1 所示，检测点在前，匀整点在后，即根据喂入情况进行匀整，针对性强；控制短片段不匀的能力较强，适合并条机使用；但对匀整后的外部干扰无控制能力，匀整结果无法检测。

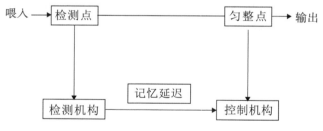

图 2-10-1　开环式控制系统

2. 闭环式

如图 2-10-2 所示，匀整点在前，检测点在后；根据输出结果来匀整喂入条子，针对性差，而且存在匀整死区；但可实时判断输出质量，控制长片段不匀的能力强，在梳棉机上使用较多。

3. 混合环式

集开环式、闭环式的优点于一体，能同时匀整短、中、长片段，但机构和技术较为复杂，成本太高，使用较少，是发展方向。目前已有在梳棉机上使用。

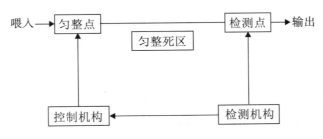

图 2-10-2　闭环式控制系统

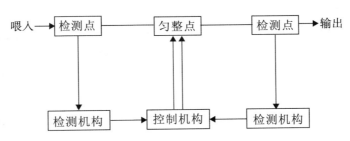

图 2-10-3　混合环式控制系统

三、实验设备

带有自调匀整装置的梳棉机或并条机。

（一）闭环式自调匀整装置

闭环式自调匀整装置多用于梳棉机，如图 2-10-4 所示。纤维原料由给棉罗拉喂入，经刺辊、锡林、道夫，棉网被集束，再经大压辊，输出条子。大压辊可检测输出条子的粗细变化，通过前传感器，将条子粗细的变化量转换成电信号，再经匀整装置和驱动，改变给棉罗拉的转速，达到控制喂入纤维量稳定的目的。如，当大压辊检测到输出条子变粗时，即认为给棉罗拉喂入的纤维量太多，应降低给棉罗拉的转速，从而保证纤维喂入量稳定，使得输出条子粗细均匀。

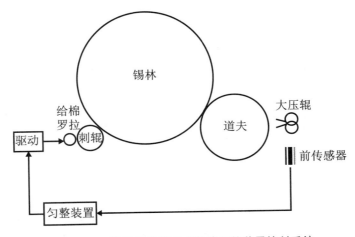

图 2-10-4　梳棉机的闭环式自调匀整装置控制系统

（二）开环式自调匀整装置

并条机的自调匀整装置多采用开环式。

1. 机械式自调匀整装置（见二维码 2-10-1）

毛 C07 型自调匀整装置是一种用在针梳机上的机械式自调匀整装置，主要由检测部分、记忆延时机构、变速机构、牵伸（执行）机构等组成（见图 2-10-5）。

2-10-1

（1）检测部分。该部分由一对凹凸形检测罗拉 1 组成。检测罗拉呈上下布置，位于下面的凹罗拉的中心位置固定不变，位于上面的凸罗拉的中心位置随着条子粗细变化而发生上下位移，凸罗拉与连杆 2 相连。

（2）记忆延迟机构。该机构由活动瓦块 4、固定瓦块 5、记忆鼓 6、记忆钢棍 7 等组成。记忆钢棍均匀地布置在记忆鼓上，它们可沿记忆鼓表面顺利移动。活动瓦块布置在记忆鼓的右下侧，它与放大杆 3 连接。固定瓦块布置在记忆鼓的左下侧，它与记忆鼓保持一定间隙且位置固定不动。

（3）变速机构。该机构由楔形块 8、曲杆 9、摆杆 10、下铁炮 11、上铁炮 12、皮带 13 等组成。楔形块布置在记忆鼓的左上侧。曲杆的一端与楔形块连接，另一端与摆杆连接。摆杆上端两皮辊控制着皮带。皮带连接上铁炮与下铁炮。

（4）牵伸机构。牵伸机构由前罗拉 16、中罗拉 17、后罗拉 18 等组成。

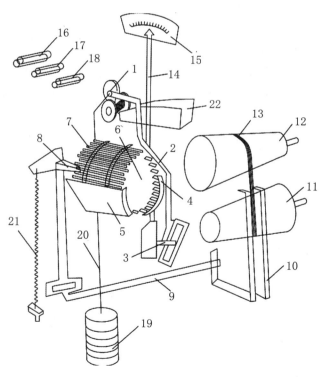

1—凹凸形检测罗拉；2—连杆；3—放大杠杆；4—活动瓦块；5—固定瓦块；6—记忆鼓；7—记忆钢棍；8—楔形块；9—曲杆；10—摆杆；11—下铁炮；12—上铁炮；13—皮带；14—指针；15—显示盘；16—前罗拉；17—中罗拉；18—后罗拉；19—重锤；20—吊绳；21—弹簧；22—棉条集束器

图 2-10-5　机械式（毛 C07 型）自调匀整器结构

该自调匀整装置的工作过程如下：

喂入棉条经棉条集束器 22 收拢集聚后进入检测罗拉 1 之间，凸罗拉的位置根据喂入棉条的粗细发生偏移。这个偏移量通过连杆 2 传递到放大杠杆 3，经放大杠杆放大，使活动瓦块 4 的位置改变。相应地，经过活动瓦块的记忆钢棍 7 的位置也会改变。当棉条通过检测罗拉检测并运行至变速点时，记忆钢棍运转至楔形块 8 的位置，并推动楔形块摆动，在曲杆 9 的作用下，改变摆杆 10 的位置，从而使皮带 13 的位置发生变化。下铁炮 11 由马达直接传动，其转速不变，皮带位置变化使得上铁炮 12 变速。相应地，上铁炮的速度变化会导致牵伸区中罗拉 17 和后罗拉 18 的转速产生变化，前罗拉 16 的转速则保持不变，因此总牵伸倍数发生变化，由此达到匀整的目的。

重锤 19 通过吊绳 20 给检测罗拉施加一定的压力，使得喂入棉条在检测罗拉之间受到一定的挤压作用，这有利于提高喂入棉条的检测精度。弹簧 21 使楔形块、曲杆、摆杆之间保持一定的张紧力，这使得楔形块的位置偏移量能快速有效地传递给摆杆，以确保匀整的时效性。指针 14 安装在连杆上，连杆的位置发生变化，会带动指针偏移。喂入棉条的细度变化量通过指针的偏移及仪表盘 15 上的刻度直观地显示出来。

2. 机电式自调匀整装置（见二维码 2-10-2）

现代并条机通常采用机电式自调匀整装置，其主要由检测、信号处理、控制和执行机构构成（见图 2-10-6）。

2-10-2

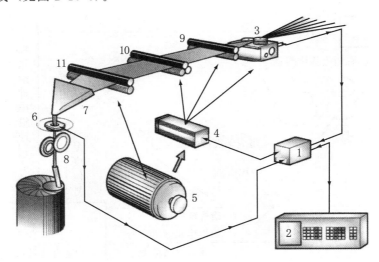

1—信号处理器；2—计算器；3—检测罗拉；4—伺服电机；5—主电机；
6—输出检测装置；7—集束器；8—出条压辊；9—后罗拉；10—中罗拉；11—前罗拉

图 2-10-6　棉并条机自调匀整装置

（1）检测罗拉。检测罗拉 3 由一对凹、凸罗拉组成，其中凹罗拉的中心位置固定，而凸罗拉的中心位置可摆动，并在弹簧的压力作用下向凹罗拉挤压；在运转过程中，随着喂入棉条的质量变化，凸罗拉的中心位置实时发生改变，产生位移。

（2）信号处理器。信号处理器 1 的功能是将检测罗拉的位移变化量转换为电信号变化量，并将信号传输至控制器。

（3）控制器。控制器主要是计算器 2，其作用是根据喂入条粗细的信号变化量计算相应的牵伸倍数（或罗拉速度，即伺服电机 4 的速度）和延迟时间。

（4）变速器。变速器主要是伺服电机 4，其按照接收到的计算器给出的转速信号进行变速，同时驱动中罗拉 10、后罗拉 9 的速度发生变化，使后区牵伸保持恒定，但前区（主）牵伸发生变化，最终实现输出条的定量保持恒定。

该自调匀整装置的工作过程如下：

由检测罗拉 3 对喂入棉条的粗细（线密度）进行在线检测，随着喂入棉条的粗细变化，检测罗拉以位移变化来表示喂入条子的粗细变化，该位移变化经信号处理器 1 转化成数字信号变化；计算器 2 根据信号处理器给出的数字信号变化量计算相应的牵伸罗拉速度及延迟时间。当被检测的那段条子进入牵伸点（后罗拉 9）时，控制器驱动伺服电机 4 传动中罗拉 10、后罗拉 9 的速度同时做相应变化，使得被检测的那段条子在主牵伸区的牵伸倍数发生相应变化，从而保证输出的条子定量保持稳定。输出检测装置 6 只是检测输出条的粗细，不再对条子的粗细进行调节。

3. 混合环式自调匀整器

混合环式自调匀整器采用闭环和开环混合控制的方式进行自调匀整，如梳棉机上采用的 FT-025B 型自调匀整器（见图 2-10-7）。

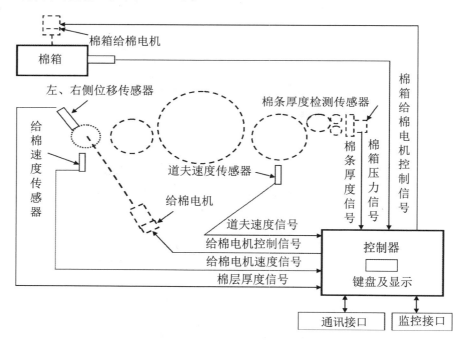

图 2-10-7 FT-025B 型自调匀整器工作原理

FT-025B 型自调匀整器由检测部分、控制器、变频调速器和给棉电机组成。其中检测部分包括左、右侧位移传感器，以及棉条厚度检测传感器、给棉速度传感器、道夫速度传感器。

自调匀整器的控制器通过接近开关跟踪检测给棉罗拉和道夫的速度，通过两个棉条厚度传感器检测输入棉层厚度，通过出条部分的棉条厚度传感器检测输出棉条厚度。

控制器通过安装在道夫皮带轮上的接近开关检测道夫转速，以此速度作为控制给棉电机速度的基础。当喂入棉层完全均匀时，给棉罗拉以一固定牵伸比跟随道夫运行。当喂入棉层厚度有变化时，控制器通过左、右侧位移传感器检测到棉层厚度变化信号，并进行运算分析处理，计算出对应的牵伸倍数，然后通过改变给棉电机转速来调整给棉罗拉与道夫的牵伸倍数，从而保证恒定的棉条定量输出。这种根据喂入棉层厚度的变化来改变后续给棉罗拉与道夫间牵伸倍数的方式，属于开环式自调匀整。

出条位置的棉条厚度传感器检测最终出条的粗细。当输出条子粗细发生变化时，控制器对其进行计算分析，通过变频调速器改变给棉电机转速，即改变给棉罗拉与道夫的牵伸比，从而保证后续输出棉条的粗细趋于稳定，改善条子的长片段不匀。这种根据输出条子粗细的变化来改变前端给棉罗拉与道夫间牵伸倍数的方式，属于闭环式自调匀整。

FT-025B型自调匀整器同时包含开环式自调匀整和闭环式自调匀整，属于混合环式自调匀整。

五、作业与思考题

1. 说明自调匀整的三种类型及各自特点，并画出相应的控制系统图。
2. 影响自调匀整效果的因素主要有哪些？

实验十一　翼锭式粗纱工艺与设备

一、实验目的与要求

（1）熟悉粗纱机的工艺流程。

（2）了解牵伸、加捻、卷绕机构的结构与作用。

（3）了解成形机构的结构与作用。

（4）了解全机传动系统。

二、基础知识

经过并条（或针梳）机的多次并合与牵伸，由末道并条（或针梳）机输出的纱条（末并条）的质量不匀和条干不匀，基本上都已达到纺制细纱的要求。但是，末并条的定量太大，如果直接将其用于纺制细纱，则细纱机的牵伸倍数需达到百倍以上，甚至更高。在这样大的牵伸倍数下，要保证细纱的品质（均匀度），目前细纱机的牵伸机构还难以实现。为此，有必要在细纱加工前，将末并条通过粗纱机牵伸细化。因此，粗纱工程的主要任务包括：通过粗纱机，将末并条牵伸细化并施加一定的捻回，形成具有一定线密度和一定强度的粗纱；同时，将条子卷绕成一定规格的卷装，以便于运输、储存和细纱机加工。

三、实验设备

翼锭式粗纱机。

四、实验内容

本实验主要介绍翼锭式粗纱机，包括棉型和（或）毛型的翼锭式粗纱机。图2-11-1所示为棉型翼锭式粗纱机。

1. 翼锭式粗纱机的组成、主要机件的作用和运动配合要求

翼锭式粗纱机主要由喂入机构、牵伸机构、加捻卷绕机构和成形机构等组成（见二维码2-11-1）。

2-11-1

（1）喂入机构。喂入机构由喂入架（俗称"葡萄架"）、导条罗拉、导条辊、导条器和集合器等构成。

（2）牵伸机构。翼锭式粗纱机的牵伸机构目前一般采用四罗拉双皮辊牵伸装置，它由后罗拉、中后罗拉（三罗拉）、中前罗拉（二罗拉）和前罗拉等机件组成。四只上罗拉的表面包有丁腈橡胶；三上罗拉表面套有上皮圈；三下罗拉的表面刻有滚花，其上套有下皮圈；前、后下罗拉均为钢质沟槽罗拉。罗拉采用摇架弹簧加压。

（3）加捻卷绕机构。粗纱加工的加捻卷绕任务主要由锭翼和筒管之间的配合运动完成，因此锭子、锭翼和筒管是粗纱机加捻卷绕机构的主要机件。锭翼又称锭壳，由锭套管（或称中管）、压掌（由压掌杆和压掌叶组成）、实心臂和空心臂组成。吊锭式翼锭粗纱机的锭翼一般固定悬挂安装在上龙筋上，并和筒管一起回转，锭翼回转一周，前罗拉输出的须条即被加

上一个捻回。筒管和锭翼必须同向回转，而且两者之间有一定的转速差，这样才能完成卷绕。

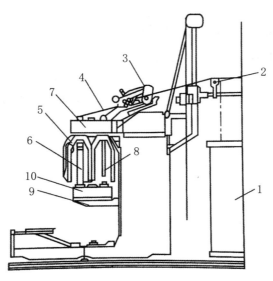

1—喂入条筒；2—导条辊；3—摇架及牵伸装置；4—粗纱；5—锭翼；
6—筒管；7—上龙筋；8—锭杆；9—升降摆杆；10—下龙筋

图 2-11-1　棉型翼锭式粗纱机结构

（4）卷绕成形机构。粗纱的捻度少、强度低，为了防止其在卷绕过程中产生意外伸长，并使其有规律地卷绕在筒管上，粗纱机上的卷绕成形必须符合下列要求（满足卷绕方程）：

①单位时间内前罗拉输出的须条长度必须等于卷绕在筒管上的粗纱长度（忽略捻缩和张力牵伸，粗纱卷绕速度与前罗拉输出速度相等），即：

$$V_1 = (n_1 - n_2) \times \pi \times d_x \qquad (2-11-1)$$

式中：V_1 为前罗拉输出速度（m/min）；n_1 为筒管转速（r/min）；n_2 为锭子转速（r/min）；d_x 为粗纱某一层的卷绕直径（m），它是变量，随粗纱不断地卷绕在筒管上而逐层增大。

②筒管在卷绕时，其轴向的纱圈之间必须紧密排列，但不能重叠。因此，要求龙筋升降速度满足以下条件：

$$V_2 = h \times \frac{v_1}{\pi d_x} \qquad (2-11-2)$$

式中：V_2 为龙筋升降速度（m/min）；h 为纱圈节距（m）。

由此可见，筒管转速 n_1 和龙筋升降速度 V_2 均应随着筒管卷绕直径 d_x 的变化而发生变化，因此要求有一变速机构来完成这一任务。传统翼锭粗纱机上使用的变速装置一般是一对锥形铁铸体，俗称其为"铁炮"。现在，新型（无锥轮）粗纱机上的卷绕成形直接通过可编程控制器（PLC）控制伺服电机来实现变速。

如式（2-11-1）所示，当筒管卷绕完成一层粗纱后，由于直径增加，因此在开始卷绕下一层粗纱前，必须瞬间改变筒管转速和龙筋升降速度。因为粗纱要卷绕成圆锥形状，因此在这一瞬间龙筋还必须完成转向和缩短动程。

2．粗纱机工艺过程（见二维码 2-11-2）

如图 2-11-1 所示，纱条自条筒 1 上引出，经导条辊 2 和喇叭口喂入牵伸装置 3，被牵伸成规定线密度的须条，然后由前罗拉输出，再经锭翼 5 加捻形成粗纱 4。粗纱穿过锭翼的顶孔和侧孔，进入锭翼导纱臂，然后从导纱臂下端引出，在压掌杆上绕几圈，再引向压掌叶，卷绕到筒管 6 上。为了将粗纱有规律地卷绕在筒管上，筒管一方面随锭翼做回转运动，另一方面随下龙筋 10 做升降运动，最终将粗纱以螺旋线状卷绕在筒管表面。随着筒管卷绕半径逐渐增大，筒管的转速和龙筋的升降速度必须逐层减小。为了获得两端呈截头圆锥形、中间呈圆柱形的卷装外形，龙筋的升降动程必须逐层缩小。

五、作业与思考题

1．画出翼锭式粗纱机牵伸部分的工艺过程简图。四罗拉牵伸的主要特点是什么？

2．假设粗纱机的锭速为 900 r/min，前罗拉线速度为 1.5 m/min，牵伸倍数为 10，喂入条子定量为 20 g/5 m，求粗纱的捻系数。

实验十二　无捻粗纱工艺与设备

一、实验目的与要求

（1）了解无捻粗纱机的工艺过程。

（2）了解无捻粗纱机组成及各部分作用。

（3）了解牵伸部分的特点。

（4）了解搓捻机构的结构与传动。

（5）了解成形机构的结构与传动。

二、基础知识

在毛纺加工中，一般末道针梳条定量在 1 g/m 以上，若将其直接喂入细纱机进行加工，需牵伸 50 倍以上，以现有的技术水平，细纱的成纱品质可能达不到要求。在细纱工序前，插入一道或两道粗纱工序，是目前纺制细特纱不可或缺的流程。

粗纱机主要有两种类型：①有捻粗纱机（翼锭粗纱机）；②无捻粗纱机。无捻粗纱机没有翼锭，车速快，产量高，而且机构比较简单，挡车操作和保全保养都较方便，调换纱批也比较容易，适合小批量、多品种生产。经过搓捻的粗纱外表光洁、毛羽少，由此纺成的细纱强度高、缩率小。但无捻粗纱自身强度低，搬运、放置时易起毛，还易产生意外牵伸，退捻时易断头，在纺制抱合力较小的化纤时更甚。不过，无捻粗纱用于纺制卷曲多、抱合力大的羊毛，其细纱的成纱质量较好。当前，纺制纯毛纱多用无捻粗纱。

三、实验设备

FB441 型无捻粗纱机。

四、实验内容

2-12-1

本实验主要介绍 FB441 型无捻粗纱机（见二维码 2-12-1）。

1. FB441 型无捻粗纱机的组成

FB441 型无捻粗纱机结构如图 2-12-1 所示，主要包括喂入部分、牵伸部分、搓捻部分和卷绕部分等。

（1）喂入部分。喂入部分由条筒或托锭、导条辊、分条架等组成。

（2）牵伸部分。牵伸部分由后罗拉、两对轻质辊、针圈、前罗拉等组成。后罗拉采用自重加压方式，调节方便，压力准确。牵伸作用主要在前罗拉与针圈之间。针圈由多个圆锯片组合而成，具有针齿刚度好、使用寿命长等优点；它既能控制短纤维的运动，又能对纤维进行梳理。

（3）搓捻部分。搓捻部分由搓条皮板、曲轴、连杆、T型架等组成。

无捻粗纱的搓捻是由搓条皮板完成的。上下搓条皮板一边沿粗纱轴线方向做连续回转运动，使得纱线不断地从搓条皮板的一端进入，从另一端输出，同时，搓条皮板还做垂直于粗纱轴线方向的往复搓捻运动。

（4）卷绕部分。卷绕部分由椭圆齿轮、曲柄、滑决、卷绕滚筒等组成。卷绕滚筒和筒管一边转动，一边往复横动，将粗纱卷绕成一定宽度、一定直径的粗纱筒子。

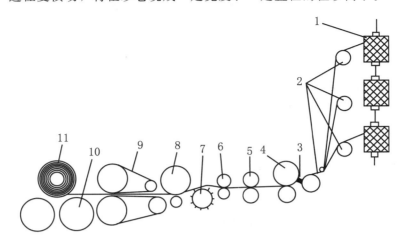

1—毛条；2—导条辊；3—分条架；4—后罗拉；5，6—轻质辊；7—针圈；
8—前罗拉；9—搓条皮板；10—卷绕滚筒；11—粗纱毛球

图 2-12-1　FB441 型无捻粗纱机结构与工艺过程

2．FB441 型无捻粗纱机的工艺过程（见二维码 2-12-2）

图 2-12-1 还展示了 FB441 型无捻粗纱机的工艺过程。细毛条 1 经导条辊 2、分条架 3 进入后罗拉 4。进入后罗拉的毛条先受到两对轻质辊 5 和 6 的控制，进行预牵伸；然后在针圈 7 和前罗拉 8 之间受到针圈上钢针的梳理和牵伸而成为粗纱，并从前罗拉输出。粗纱在搓捻条皮板 9 中受到搓捻，变得光、圆、紧，最后在卷绕滚筒 10 上卷绕成粗纱毛球 11。

要求学生在初步了解机构的组成和工作过程之后，进一步仔细观察，了解以下内容：

（1）牵伸罗拉、针圈的结构。

（2）搓条皮板、曲轴、连杆、T 型架的形状、结构及其运动的传动。

（3）卷绕部分的组成，以及部件的形状、结构和运动的传动。

（4）全机的传动系统。

另外，要求学生对照实验用机台，现场绘制其牵伸部分传动系统草图。

五、作业与思考题

1．无捻粗纱主要用于哪种纺纱？没有捻度的粗纱为什么具有一定的强力？

2．无捻粗纱的牵伸控制机构是什么？

实验十三　环锭细纱工艺与设备

一、实验目的与要求

（1）了解环锭细纱机的工艺流程。

（2）了解环锭细纱机的牵伸、加捻、卷绕和成形机构的结构及作用。

（3）了解环锭细纱机的全机传动和各变换齿轮的作用。

二、基础知识

细纱机是纺织厂的主要设备之一，它决定着纺织厂各种机台配备的数量。通常，纺织厂的规模以其拥有的细纱机总锭数表示。细纱产量的高低和产品质量的优劣是一个纺织厂生产技术、管理水平的综合表现。因此，细纱是整个纺纱工程中极为重要的一道工序。

作为纺纱工程的最后一道工序，细纱要将前道工序制成的粗纱，通过牵伸、加捻，加工成符合一定细度（线密度或纤度或公支或英支）和品质要求的细纱，供后道工序使用。因此，细纱工序的主要任务如下：

（1）将喂入的粗纱或条子，均匀地抽长拉细到成纱要求的细度。

（2）对牵伸后的须条加上适当的捻度，使成纱具有一定的强度、弹性、光泽和其他物理力学性能。

（3）按一定的成形要求，将纺成的细纱卷绕在筒管上，以便于运输、储藏和后道工序使用。

三、实验设备

环锭细纱机。

四、实验内容

本实验主要介绍环锭细纱机。

1. 环锭细纱机的组成（见二维码 2-13-1）

2-13-1

如图 2-13-1 所示，环锭细纱机主要由喂入机构、牵伸机构、加捻卷绕机构、卷绕成形机构等组成。

（1）喂入机构。喂入机构主要包括粗纱架、导纱杆、吊锭（或托锭）、横动导纱器等部件，其作用是将粗纱有效、均匀地喂入牵伸机构。

（2）牵伸机构。牵伸机构由罗拉、皮辊、皮圈、皮圈架、皮圈销、集合器、摇架加压装置等机件组成。

目前，常规细纱机一般采用三罗拉双皮圈牵伸机构，如图 2-13-2(a)所示，其无控制区域小，能够较好地控制纤维运动；集聚纺（紧密纺）细纱机多采用四罗拉牵伸机构，如图 2-13-2(b)所示。毛型纤维（毛、麻、绢等）的平均长度长且长度差异大，因此其（毛纺、麻纺和绢纺等）细纱机的中皮辊上一般有滑溜凹槽，当长纤维通过时，凹槽使上下皮圈对纤维形成弹性握持而不是强制握持，既有利于长纤维通过，又对短纤维产生较强的控制。这种牵伸称为滑溜牵伸，见图 2-13-2(c)。

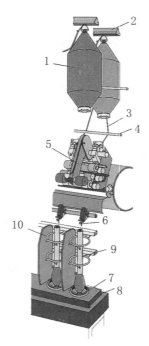

1—粗纱筒管；2—纱架；3—粗纱；4—导纱杆；5—牵伸装置；
6—导纱钩；7—钢领；8—钢领板；9—锭子；10—气圈环

图 2-13-1　环锭细纱机结构与工艺过程

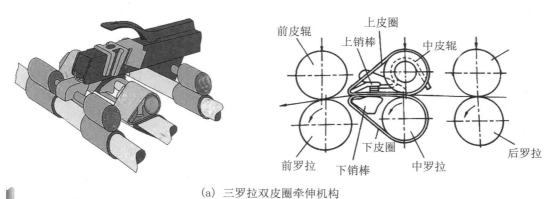

（a）三罗拉双皮圈牵伸机构

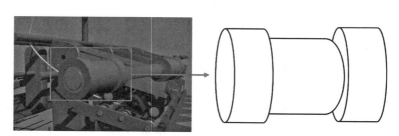

（b）四罗拉双皮圈牵伸机构　　　　（c）滑溜牵伸机构

图 2-13-2　细纱机牵伸机构

（3）加捻卷绕机构。如图 2-13-3 所示，加捻卷绕机构包括导纱钩、钢领、钢丝圈、锭子、隔纱板、锭带盘、张力盘、筒管等部件。

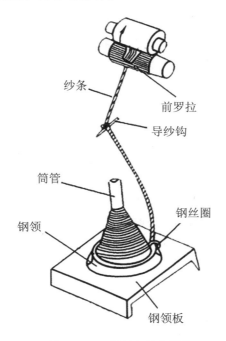

纱条

前罗拉

导纱钩

筒管

钢丝圈

钢领

钢领板

图 2-13-3 细纱加捻与卷绕

（4）卷绕成形机构。管纱成形要求卷绕紧密、层次清楚、不互相纠缠，以有利于后道工序高速（轴向）退绕。细纱工序中的管纱成形都采用有级升的圆锥形交叉卷绕（又称短动程升降卷绕）方式。目前，环锭细纱机上的钢领板升降系统一般有牵吊式和积极式两种。

2. 环锭细纱机的工艺过程（见二维码 2-13-2）

如图 2-13-1 所示，粗纱 3 从吊在纱架 2 上的粗纱筒管 1 的表面退绕出来，经过导纱杆 4 及缓慢往复运动的导纱器，进入牵伸装置 5；牵伸后的须条由前罗拉输出，并通过导纱钩 6，穿过钢领 7 上的钢丝圈，再经加捻，卷绕到紧套在锭子 9 上的筒管上。

2-13-2

3. 工艺计算

（1）捻度与捻系数：

$$特克斯制捻系数\ \alpha_{t}=\sqrt{N_{t}}\times 捻度\ T_{tex}（捻/10\ cm） \tag{2-13-1}$$

$$英制捻系数\ \alpha_{e}=\frac{捻度\ T_{e}（捻/英寸）}{\sqrt{N_{e}}} \tag{2-13-2}$$

$$公制捻系数\ \alpha_{m}=\frac{捻度\ T_{m}（捻/m）}{\sqrt{N_{m}}} \tag{2-13-3}$$

（2）英制支数 N_{e} 与线密度 N_{t} 的换算：

$$N_{t}=\frac{换算常数}{N_{e}}（取一位小数） \tag{2-13-4}$$

其中：纯棉纱换算常数＝583.1；纯化纤换算常数＝590.5。

（3）锭子转速与捻度：

$$细纱捻度 T_m（捻/m）＝\frac{锭子转速 n_s（r/min）}{前罗拉线速度 V（m/min）} \tag{2-13-5}$$

或，

$$细纱捻度 T_t（捻/10\ cm）＝\frac{锭子转速 n_s（r/min）}{前罗拉线速度 V（m/min）×10} \tag{2-13-6}$$

（4）牵伸倍数（不考虑牵伸效率）：

$$理论（机械）牵伸倍数＝\frac{前罗拉线速度}{后罗拉线速度} \tag{2-13-7}$$

$$实际牵伸倍数＝\frac{粗纱定量（g/10\ m）×100}{细纱定量（tex）} \tag{2-13-8}$$

$$牵伸效率＝\frac{实际牵伸倍数}{理论（机械）牵伸倍数}×100\% \tag{2-13-9}$$

不考虑牵伸效率时，理论（机械）牵伸倍数与实际牵伸倍数相等。但由于捻缩等因素，牵伸效率通常小于100%。

（5）理论产量：

$$长度产量[m/(台·h)]＝锭数×V×60＝\frac{锭数×\pi×d×n×60}{1000} \tag{2-13-10}$$

式中：d 为前罗拉直径（mm）；n 为前罗拉转速（r/min）。

$$质量产量[kg/(台·h)]＝\frac{锭数×V×60×N_t}{1000×1000×1000}＝\frac{锭数×\pi×d×n×60×N_t}{1000×1000×100}$$

$$＝\frac{锭数×60×n_s×N_t}{T_t×10×1000×1000} \tag{2-13-11}$$

式中：N_t 为细纱线密度（tex，即 $g/1000\ m$）。

要求学生在初步了解机构的组成和工作过程之后，进一步仔细观察，了解以下内容：

（1）细纱机传动系统，各变换齿轮的位置及其作用。

（2）根据细纱机传动简图，计算锭速、前罗拉转速、捻度常数和牵伸倍数的方法。

五、作业与思考题

1. 画出细纱机传动系统简图，并注明各变换齿轮的位置及其作用。

2. 根据细纱机传动系统简图，计算牵伸倍数。

3. 简述细纱的卷绕与粗纱的异同点。

实验十四 粗梳毛纺工艺与设备

一、实验目的与要求

（1）了解粗梳毛纺工艺过程。

（2）了解和毛机、梳毛机、细纱机的主要结构和工艺过程。

（3）了解粗梳毛纺设备的传动系统。

二、基础知识

粗梳毛纺织物品种繁多、用途各异，所用原料比较复杂，除了使用洗净毛及化学纤维，还可使用回毛（包括精梳短毛、下脚毛、再生毛）及特种动物毛（如羊绒、兔毛、驼毛等）。粗梳毛纺使用的原料在长度、细度、均匀度等方面，不像精梳毛纺那样有要求严格，可用较低级及较短的纤维。

粗梳毛纺的工艺流程比较简单，一般为粗梳毛纺原料→和毛加油→梳毛→细纱；使用的主要设备为和毛机、粗纺梳毛机和粗纺细纱机。

三、实验设备

和毛机、粗纺梳毛机、针圈式细纱机。

四、实验内容

（一）粗梳毛纺的工艺流程

通过图 2-14-1、图 2-14-2 和图 2-14-3 及相关的数字资源，了解粗梳毛纺的工艺流程。

（二）粗梳毛纺各设备的机器结构和作用

1．和毛机的组成及各主要机件的结构和作用（见二维码 2-14-1）

2-14-1

纤维的开松混合在粗梳毛纺中占有非常重要的地位，而此任务主要由和毛机完成。和毛方式主要有人工和毛、"S"头机械和毛及流水线自动和毛等。国内一般使用"S"头机械和毛。无论采用何种和毛方式，都需要使用和毛机进行开松混合。

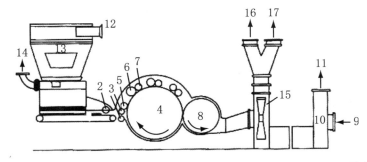

1—喂毛帘；2—压毛辊；3—喂毛罗拉；4—锡林；5—清洁辊；6—工作辊；
7—剥毛辊；8—道夫；9—进毛口；10—喂毛风机；11—进尘笼管道；12—尘笼进毛口；
13—尘笼；14—排尘口；15—出毛风机；16—第一出毛口；17—第二出毛口

图 2-14-1 粗梳毛纺和毛机

粗梳毛纺中使用的和毛设备与精梳毛纺中使用的和毛设备基本相同，主要差别在喂入部分，前者比后者多装一只旋风喂毛器。和毛设备一般由喂入、开松混合、输出三部分组成。

如图 2-14-1 所示，混料经尘笼（旋风喂毛器）13 除尘后，落在喂毛帘上；然后经喂毛罗拉 3 进入由锡林 4、工作辊 6 和剥毛辊 7 组成的工作区，受到初步的开松混合；再经道夫 8 剥取，被送入出毛风机 15；最后经管道被输送至出毛口 16 或 17，打入和毛仓。

要求学生了解以下内容：

（1）各主要机件的名称、结构和作用。

（2）各部件是如何传动的。

2．粗纺梳毛机的组成及工艺过程（见二维码 2-14-2）

粗纱条中纤维成分的混合均匀程度及单纤状态对于细纱工序的制品质量至关重要，此任务由多联粗纺梳毛机完成（图 2-14-2）。

2-14-2

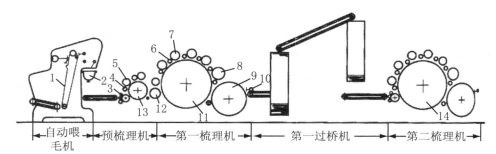

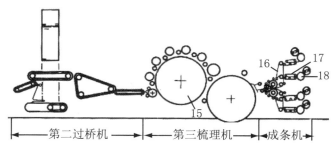

1—升毛帘；2—称毛斗；3—喂毛罗拉；4，6—剥毛辊；5，7—工作辊；
8—风轮；9—后道夫；10—斩刀；11—初梳锡林；12—运输辊；13—胸锡林；
14—中锡林；15—末梳锡林；16—皮带丝；17—搓板；18—卷绕滚筒

图 2-14-2　BC272 型粗纺梳毛机

要求学生了解以下内容：

（1）粗纺梳毛机的主要组成部分的名称、作用及工艺过程。

（2）自动喂毛部分的组成及各部件结构。

（3）组成梳理单元各滚筒的名称、位置、针向、转向及速度关系。

（4）过桥部分的组成及各部件结构。

（5）出条部分的组成及各部件结构。

（6）自动喂毛部分的组成及各部件结构。

3. 针圈式细纱机组成及工艺过程（见二维码 2-14-3）

2-14-3

细纱是粗梳毛纺的最后一道工序，它把前道工序制成的粗纱经牵伸、加捻纺制成具有一定线密度（或纤度或公支或英支）、一定质量的细纱，并卷绕成一定形式的卷装。目前，粗梳毛纺加工采用的细纱机主要有针圈式细纱机、离心式细纱机和走锭（立锭）式细纱机（见二维码 2-14-4）。各类机型的适纺范围及产量不同。

2-14-4

粗梳毛纺用针圈式细纱机与精梳毛纺用双皮圈式细纱机主要在喂入机构和牵伸机构上有所不同，加捻、卷绕机构则基本相同。图 2-14-3 所示为粗梳毛纺用针圈式细纱机的退卷与牵伸机构。

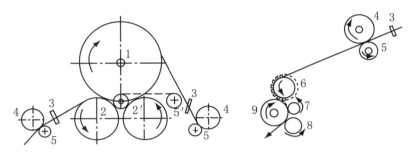

1—粗纱；2，2′—退卷滚筒；3—导条器；4—后皮辊；5—后罗拉；6—针圈；7，8—前罗拉；9—前皮辊

图 2-14-3 粗梳毛纺用针圈式细纱机

粗纱 1 由退卷滚筒 2、2′ 上退绕出来，经过导条器 3，进入牵伸区，以后罗拉 4 的速度前进，直至被针圈 6 握持后随着针圈转动进入前罗拉 7 和 8 与前皮辊 9 组成的钳口，受到牵伸后输出，再被加上捻度，并卷绕在筒管上。

要求学生了解以下内容：

（1）粗梳毛纺用针圈式细纱机的主要组成部分的名称、作用及工艺过程。

（2）喂入部分的组成及各部件结构。

（3）牵伸部分的组成，以及针圈的针向、转向及其与后罗拉的速度关系。

五、作业与思考题

1. 简述粗梳毛纺的工艺流程和各机台的作用。

2. 粗梳毛纺用和毛机与精梳毛纺用和毛机的异同点是什么？

3. 粗纺梳毛机与精纺梳毛机的异同点是什么？

4. 粗梳毛纺用细纱机与精梳毛纺用细纱机的主要区别是什么？

实验十五　转杯纺工艺与设备

一、实验目的与要求

（1）熟悉转杯纺纱的工作原理和工艺流程。

（2）了解转杯纺纱机的结构和主要机件的作用。

（3）了解转杯纺纱机的传动系统。

二、基础知识

转杯纺纱俗称为气流纺纱，是一种自由端纺纱方法，也是目前各种非环锭纺纱中较为成熟并已大量推广应用的一种纺纱技术。

自由端纺纱与传统环锭纺纱的不同之处在于：在纺纱过程中输送的纤维不再是连续的而是形成"断裂"。这就需要供应的纤维在很高的速度下产生"断裂"而凝聚，黏附于纱条的自由端纱尾，被加捻成纱。由于自由端的回转运动，在成纱内加入的是真捻。成纱过程一般包括喂给、开松、凝聚、加捻和卷绕。

转杯纺纱与其他自由端纺纱的主要区别是纤维的凝聚加捻机构和作用不同。在转杯纺中，纤维先在转杯离心力的作用下沿转杯内的纤维滑移面凝聚于转杯的凝聚槽内，产生并合效应，再在假捻盘作用下加捻成纱。

三、实验设备

转杯纺纱机。

四、实验内容

1. 机构组成

转杯纺纱机主要由喂给分梳机构、排杂机构、凝聚加捻机构和卷绕机构组成（见二维码 2-15-1）。

2-15-1

（1）喂给分梳机构。该机构主要由喂给喇叭、喂给罗拉和喂给板组成，其作用是使条子在进入分梳辊之前受到必要的压缩和充分的均匀握持。

①喂给喇叭：由塑料或胶木制成的渐缩状通道，用于压缩喂入条及增加纤维间的抱合力。了解喂给喇叭的截面形状、表面形状及其与握持钳口的相对位置对纺纱的影响。

②喂给罗拉和喂给板：沟槽罗拉与喂给板在弹簧作用下，形成一个有一定压力的握持钳口，并通过罗拉的回转输送纤维。了解握持力和分梳面长度对分梳质量的影响。

（2）分梳机构。分梳辊为分梳机构的主要部件，其材质一般是铝合金或铁胎，表面包覆金属锯齿条，也有个别采用植梳针或锯齿片。前两者常用于短纤维纺纱，后者用于长纤维纺纱。常见分梳辊型号的针齿结构及主要参数如图 2-15-1 所示。表 2-15-1 列出了纺制不同原料时常用分梳辊的转速及型号。

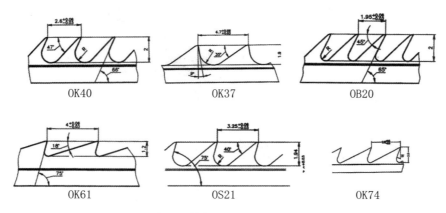

图 2-15-1 常见分梳辊型号的针齿结构及主要参数

表 2-15-1 纺制不同原料时常用分梳辊的转速及型号

原料	转速（r/min）	分梳辊型号
100％棉及其混纺	8000～10000	OK40，OB20
100％腈纶及其混纺	7000～8000	OK61，OK37
100％涤纶及其混纺	8000～9000	OK61，OK37
100％黏胶纤维及其混纺	8000～9000	OS21，OK40
亚麻及其混纺	7000～9000	OK61
100％聚丙烯纤维及其混纺	5000	OK37

（3）排杂机构。转杯纺纱机的排杂机构根据纺纱器结构形式不同，可分为固定式和调节式两大类。排杂机构将补气和排杂相结合，利用气流与分梳辊的离心力，排除微尘和杂质，以达到减少转杯凝聚槽积尘、稳定生产、减少断头及适应高速的目的。固定式排杂机构的排杂口大小及位置都是固定的；调节式排杂机构的最大特点是补气和排杂分开，在补气通道位置设计了一个阀门，用于调节补气量的大小，进而达到控制转移率和落棉含杂率的目的。

（4）凝聚加捻机构。凝聚加捻机构主要由输纤通道、转杯、假捻盘等组成。凝聚成条与加捻是转杯纺纱机实现连续生产必不可少的重要步骤，主要通过转杯来实现。图 2-15-2 所示为转杯纺凝聚加捻原理。

①输纤通道：入口大、出口小的渐缩形管道。经过开松的单纤维由输纤通道进入转杯。输纤通道的入口沿着分梳辊的切线方向，其出口伸入转杯。

②转杯：转杯纺纱机的关键部件，其由两个中空的截头圆锥体联结而成。在两个圆锥体的交界处（最大直径处）形成一个凝聚纤维的凹槽，称之为纤维凝聚槽（见图 2-15-3），它是单纤维叠合成条的场所，一般有圆形和 V 形两种。V 形纤维凝聚槽的凝聚角由正角和负角组成，正角使纤维滑入槽内，负角使杂质排出。

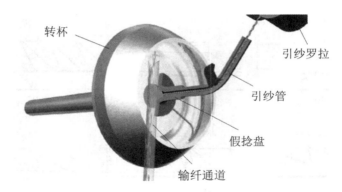

图 2-15-2 转杯纺凝聚加捻原理

图 2-15-3 转杯纺纤维凝聚槽形式

③假捻盘：使剥离的纱条绕自身轴线回转，产生假捻，从而增加引纱点与剥离点之间的成纱捻度，提高成纱动态强力，减少成纱断头（见图 2-15-4）。

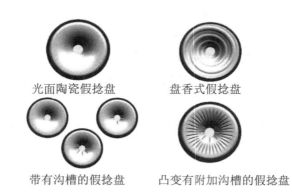

图 2-15-4 转杯纺假捻盘

（5）卷绕机构。卷绕机构主要由引纱罗拉、导纱器、卷绕辊筒和成形加压装置组成。转杯纺纱的特点是加捻与卷绕分开，故而卷装增大，生产率提高（见图 2-15-5）。

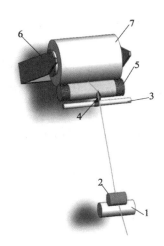

1—引纱罗拉；2—引纱压辊；3—横动杆；4—导纱器；5—卷绕罗拉；6—卷绕辊压臂；7—筒子纱

图 2-15-5 卷绕机构

2. 工艺过程

转杯纺工艺过程如图 2-15-6 所示。喂入纤维条 1 经喇叭口进入喂给罗拉 2 和喂给板 3，被两者握持着输送至分梳辊 4。表面包有锯齿的分梳辊将喂入纤维条分解成单纤维。转杯 6 内保持一定的真空状态，迫使外界气流补入。于是，被分梳辊分解的单纤维，随着气流经输纤通道 5 进入高速回转的转杯，纤维沿着转杯内的纤维滑移面滑入凝聚槽，形成凝聚须条。引纱经引纱管 7 被吸入转杯，纱尾在离心力的作用下紧紧贴附于凝聚槽，与凝聚槽内排列的须条相遇并一起回转加捻成纱。引纱罗拉 9 将加捻后的纱从转杯内经假捻盘 8 和引纱管 7 引出，依靠卷绕罗拉的回转，卷绕成筒子纱。

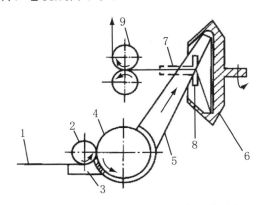

图 2-15-6 转杯纺纱机结构与工艺过程

3. 工艺计算

转杯纱的加捻是依靠转杯和引纱罗拉的共同作用完成的，其捻度的计算公式如下：

$$T = \frac{N}{V} \qquad\qquad (2\text{-}15\text{-}1)$$

式中：T 为捻度（捻/m）；V 为引纱罗拉线速度（m/min）；N 为转杯转速（r/min）。

不考虑排杂等因素的影响，通过喂给罗拉喂入的纤维质量和由引纱罗拉引出的纱线质量在单位时间内应保持平衡，因此：

$$N_t \times V = V_1 \times G \times 200 \tag{2-15-2}$$

式中：N_t 为所纺转杯纱的线密度（tex）；V_1 为喂给罗拉的线速度（m/min）；G 为喂入纤维条的定量（g/5 m）。

为了使引纱罗拉引出的转杯纱顺利地卷绕在筒子上，且筒子纱保持较好的形态，卷绕罗拉和引纱罗拉之间通常会有一定的张力系数 F（0.98～1.03）：

$$F = \frac{V_2}{V} \tag{2-15-3}$$

式中：V_2 为卷绕罗拉线速度（m/min）。

分梳辊转速是转杯纺纱的重要工艺指标之一，会直接对纤维的梳理及除杂效果产生影响。分梳辊转速高，梳理、排杂效果好，但对纤维的损伤程度大；分梳辊转速低，对纤维的损伤小，但梳理、除杂效果差。通常，分梳辊转速为 5000～8000 r/min。

要求学生在初步了解机构组成和工艺过程之后，进一步观察，了解以下内容：

（1）分梳辊的规格和选用，以及分梳辊转速对成纱质量的影响。

（2）转杯的结构及凝聚槽的形态。

（3）假捻盘的结构与形式。

（4）导纱、成形机构的形式（常用的有横动式和槽筒式）。

五、作业与思考题

1. 简述分梳辊规格对纺纱的影响。

2. 简述转杯纺凝聚槽形式及 V 形凝聚槽的凝聚角对成纱的影响。

3. 简述假捻盘的作用及规格的选用。

4. 试分析转杯纺纱的加捻特点及成纱的捻度分布。

实验十六　喷气纺纱与喷气涡流纺纱的工艺与设备

一、实验目的与要求

（1）熟悉喷气纺纱及喷气涡流纺纱的工艺流程。

（2）了解喷气纺纱及喷气涡流纺纱机的结构和作用。

（3）了解喷气纺纱及喷气涡流纺纱机的传动系统。

（4）了解喷气纺纱及喷气涡流纺纱工艺参数的调节及其对成纱的影响。

二、基础知识

喷气纺纱是继转杯纺纱、自捻纺纱、涡流纺纱之后发展起来的一种新型纺纱方法。它具有流程短、纺纱速度高（最高可达 450 m/min）、可纺纱线细（一般可纺 40～50 英支）、卷装大等优点。

喷气纺纱的成纱机理如图 2-16-1 所示。须条在前罗拉和引纱罗拉的握持下，其中间部分受到气流旋转方向不同的两个喷嘴的非握持加捻，使纱条产生假捻。另外，部分边缘纤维的头端自前罗拉输出后，由于受到气流的作用，从须条中扩散出来，成为头端自由纤维。它们在第一喷嘴处受到旋转气流的作用，按气流的旋转方向围绕纱条做初始包缠，其捻向与纱条的假捻方向相反；在第二喷嘴的反向气流作用下，纱条发生退捻，边缘包缠纤维因捻向相同而越包越紧，从而形成结构独特的喷气包缠纱。

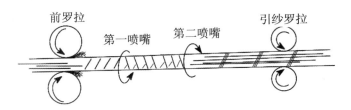

图 2-16-1　喷气纺纱的成纱机理

喷气纺纱由于其假捻包缠的成纱机理，对纤维长度和强度的要求较高，如用于纺制纯棉纱，其成纱强度较低。喷气纺纱一般用于纯涤纶纱或涤/棉混纺纱的纺制。

为克服传统喷气纺纱的缺陷，又出现了喷气涡流纺纱方法，它与传统喷气纺纱的区别在于喷嘴。因此，喷气涡流纺纱机的结构与喷气纺纱机的结构基本相同，但其喷嘴为单喷嘴形式，其成纱机理是半自由端的加捻包缠形式，其成纱结构外观与环锭纺较为相似，可以纺制具有较高强度的纯棉纱线等。

喷气涡流纺纱的成纱机理如图 2-16-2 所示。前罗拉输出的须条被吸入喷嘴前端的螺旋引导面 1。螺旋引导面与引导针 2 一起，可防止捻回向前罗拉钳口传递。当纤维末端脱离喷嘴前端的螺旋引导面和引导针的控制时，因气流对纤维有扩散作用，纤维之间的联系力大大减弱，由此产生的大量倒伏纤维 5（尾端自由纤维）覆盖在空心管 7 的圆锥形凝聚面 6 上，纤维另一端根植于纱体内。边缘纤维随空心管旋转而被加上捻度，形成喷气涡流纱 8 输出。

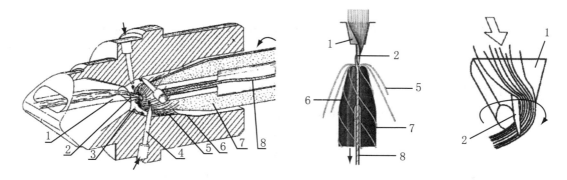

1—螺旋引导面；2—引导针；3—涡流室；4—喷射孔；
5—倒伏纤维；6—圆锥形凝聚面；7—空心管；8—成纱

图 2-16-2　喷气涡流纺纱装置及成纱机理

三、实验设备

喷气纺纱机及喷气涡流纺纱机。

四、实验内容

（一）机构组成（见二维码 2-16-1）

2-16-1

1. 喂入机构

喷气纺纱和喷气涡流纺纱一般都采用条子喂入。

2. 牵伸机构

喷气纺纱机和喷气涡流纺纱机的牵伸机构及作用与传统环锭纺纱机类似，但它们采用四罗拉或五罗拉的双皮圈牵伸，牵伸倍数较大，一般在 100 倍以上。如四罗拉双皮圈牵伸机构（图 2-16-3），其牵伸范围可分为三个牵伸区，预牵伸区的牵伸倍数一般为 1.57～2.10，后牵伸区的牵伸倍数一般为 1.2～2.4，主牵伸区的牵伸倍数一般为 30～60。

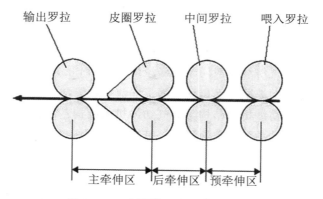

图 2-16-3　四罗拉双皮圈牵伸机构

3. 加捻机构（喷嘴）

加捻机构是喷气纺纱机和喷气涡流纺纱机的关键部件。目前，加捻机构形式主要有喷气纺纱机的双喷嘴和喷气涡流纺纱机的单喷嘴两种。

喷气纺纱机的双喷嘴主要由吸口、喷射孔、纱道、开纤管、气室壳体等部件构成，其结构见图 2-16-4。

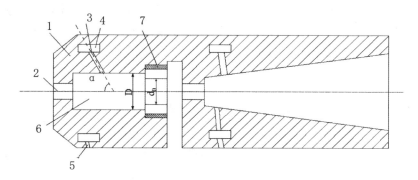

1—壳体；2—吸口；3—喷射孔；4—气室；5—进气管；
6—纱道；7—开纤管；α—喷射角

图 2-16-4　喷气纺纱机的双喷嘴结构

（1）吸口：前罗拉输出的须条，在负压作用下，由此被吸入喷嘴。

（2）喷射孔：气流进入喷嘴的纱道。喷射孔的直径、角度及孔数是影响喷气纱强度的主要因素。喷射角是产生涡流的初始螺旋角，会影响加捻速度；喷射孔的直径和数量则影响纱道内截面上流场的强度和均匀性。

（3）纱道：纱道的直径与所纺纱的线密度相关。纱的线密度小，则纱道的直径应小。

（4）开纤管：又称解捻管，位于第一喷嘴出口处，内壁上开有各种槽，其作用一是增加摩擦阻力，减少捻度向前罗拉传递，增加包缠纤维数量；二是增大气流出口截面，以利于稳定流场和纱条回转。

（5）气室：压缩空气由此供应给各喷射孔。

要求学生了解加捻机构的结构参数对成纱质量的影响，主要结构参数有喷射角、纱道直径与长度、喷射孔直径与孔数、开纤管的槽数与槽深、吸口的内径与长度、两喷嘴喷射孔的间距等。

要求学生了解第一、第二喷嘴压力及配置对加捻效果与成纱质量的影响。

4. 卷绕机构

卷绕机构主要由引纱罗拉、电子清纱器、卷绕辊筒组成。

（1）引纱罗拉：将加捻后的纱以一定的速度引出。

（2）电子清纱器：用于检测成纱的长短粗节和细节，同时是条干监测仪的检测头。

（3）卷绕辊筒：在一定的压力下，通过摩擦传动筒子卷绕成形。

要求学生了解卷绕张力、卷绕角度对卷绕成形的影响。

（二）工艺过程

1. 喷气纺纱的工艺过程（见二维码 2-16-2）

喷气纺纱的工艺过程如图 2-16-5 所示。喂入棉条经过四罗拉双皮圈牵伸机构的牵伸，达到规定的细度后，由前罗拉输出，依靠第一喷嘴入口处的负压，被吸入加捻器，接受空气喷射的加捻。加捻机构由第一喷嘴和第二喷嘴串接而成，两个喷嘴喷射出来的气流的旋转方向相反，第一喷嘴主要使前罗拉输出的须条的边纤维与受第二喷嘴作用的主体须条以相反的方向旋转，须条在两股不同方向的气流作用下获得包缠（加捻）而成纱。加捻后的纱条由引纱罗拉引出，经点子清纱器后，卷绕成筒子纱。

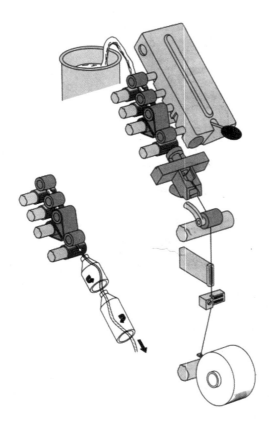

图 2-16-5 喷气纺纱工艺过程

前罗拉输出速度应略大于引纱罗拉输出速度，通常称为超喂，超喂率一般控制在1％～3％，使纱条在气圈状态下加捻。

2. 喷气涡流纺纱的工艺过程（见二维码 2-16-3）

喷气涡流纺纱的工艺过程如图 2-16-6 所示。前罗拉输出的须条进入喷嘴，然后沿喷嘴内入口处的螺旋表面运动，由于针棒的摩擦阻力，捻度无法传递到前钳口下方的须条上，因此，须条中的纤维头端以自由状态高速进入空心管，纤维尾端则倾倒在空心管外壁的锥面上，随着纱条输出而逐步加捻，并被抽入空心管内成纱输出，形成外观类似于环锭纱的螺旋真捻结构。其实，喷气涡流纱仍具有由纤维头端构成的平行组分（芯层）和纤维尾端构成的螺旋包缠组分（外层）两部分，只是相比于传统喷气纱，其包缠程度大大提高，结构也有所不同。

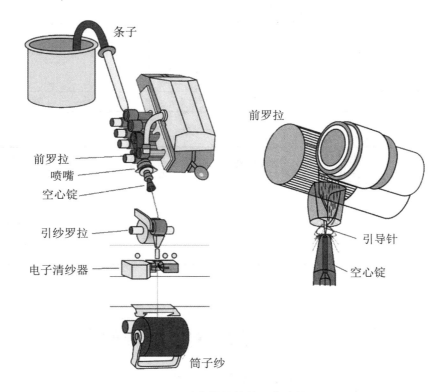

图 2-16-6　喷气涡流纺纱工艺过程

要求学生进一步了解以下内容或完成以下任务：

(1) 供气系统。喷气纺纱和喷气涡流纺纱的供气系统由空气压缩机、储气罐、调压阀、空气过滤器及油水分器组成。空气先经过滤净化，然后进入空压机。压缩后的空气经冷却干燥和油水分离，被送入储气罐，以稳定压力；从储气罐出来的压缩空气经调节阀、空气过滤器和油水分离器，分两路分别供给第一和第二喷嘴。

(2) 主要工艺参数。喷气纺纱机的牵伸工艺参数与环锭纺纱机相比，前罗拉输出速度高，可达 200~400 m/min；牵伸倍数大，一般在 100 倍以上。喷嘴的主要结构参数见表 2-16-1。

表 2-16-1　喷嘴的主要结构参数

主要参数	喷射角 （°）	喷射孔直径 （mm）	喷射孔数 （个）	喷嘴气压 （kPa）	纱道直径 （mm）	纱道长度 （mm）
第一喷嘴	45~55	0.30~0.5	2~6	200~400	2~2.5	10~12
第二喷嘴	80~90	0.35~0.5	4~8	200~400	进2~3，出5~7	30~50
单喷嘴	70~90	0.35~0.5	4~8	300~500		

（3）观察实验中的有关工艺参数，并填写下表：

项目		喷射角 （°）	喷射孔数 （个）	纱道直径 （mm）	喷嘴气压 （kPa）	前罗拉速度 （m/min）	牵伸倍数
喷气纺	第一喷嘴						
	第二喷嘴						
喷气涡流纺	单喷嘴						

（4）调节有关参数，并填写下表：

喂入定量 （g/10 m）	前罗拉速度 （r/min）	牵伸倍数	喷嘴气压（kPa） 前/后	成纱细度 （公支）	成纱强力 （N）

五、作业与思考题

1. 试述喷气纺纱的成纱机理，以及前后两个喷嘴中气流的作用。

2. 试述喷气涡流纺纱的成纱机理，以及喷嘴中螺旋引导曲面、引导针和空心管上的圆锥形凝聚面的作用。

3. 比较分析喷气纺纱和喷气涡流纺纱的成纱结构与特性。

实验十七 摩擦纺工艺与设备

一、实验目的与要求

（1）了解摩擦纺纱机的工作原理和工艺过程。

（2）了解一种型号的摩擦纺纱机的结构及主要机件的作用。

（3）了解一种型号的摩擦纺纱机的传动系统。

二、基础知识

摩擦纺纱又称为尘笼纺纱，是目前采用的非环锭纺纱方法之一。摩擦纺纱属自由端纺纱，它利用机械/空气动力原理对须条同时进行纤维凝聚和加捻。单纤维由气流输送到一对带孔且有吸力的运动表面（运动方向与成纱输出方向垂直），在此处被吸附凝聚而形成狭布状纤维条（网），并与运动表面之间产生摩擦，故而绕自身轴线滚动加捻。

摩擦纺纱与其他纺纱方法相比，有其独特的优点：低速高产，断头少，尤其是适纺原料广，可纺极粗的纱，成纱结构独特，不同纤维可在纱截面中按需排列。但因纱中纤维排列紊乱、纠缠，成纱强力低，这是摩擦纺纱产品质量的最主要问题。

三、实验设备

DREF-Ⅲ型摩擦纺纱机。

四、实验内容

（一）机构组成

1. 喂入牵伸机构

DREF-Ⅲ型摩擦纺纱机有两套纤维喂入牵伸系统（见图 2-17-1、图 2-17-2），可以纺制包芯纱。要求学生通过观察，了解设备的特点。

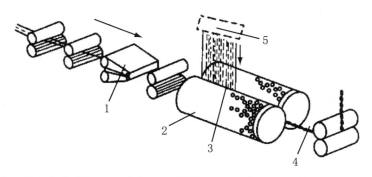

1—第一喂入牵伸系统；2—尘笼；3—纤维流；4—成纱；5—第二喂入牵伸系统

图 2-17-1 DREF-Ⅲ型摩擦纺纱机结构

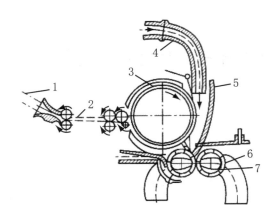

1—棉条；2—第二牵伸装置；3—分梳辊；4—吹风管；
5—挡板；6—尘笼；7—内胆

图 2-17-2　第二喂入牵伸系统结构

（1）第一喂入系统。该机构主要由罗拉、皮圈及集束器组成，是一套四罗拉双皮圈双区高倍牵伸装置，负责向尘笼楔形区输送一定细度的须条作为纱芯。

（2）第二喂入系统。该机构由喂入罗拉、分梳辊、输送管道组成，主要作用是向第一喂入系统输出的纱芯提供包覆层纤维，单纤维的剥离转移由两分梳辊之间的补气气流完成。摩擦纺也可以仅有第二喂入系统进行纺纱（如 DREF-I 型等），此时为自由端纺纱。

2. 凝聚加捻机构

该机构由一对表面开有无数小孔、带内胆及抽风机的尘笼组成。利用抽风机的吸风形成负压，使纤维凝聚在尘笼表面，尘笼同向回转，通过摩擦作用对纱条施加相同的加捻力矩，从而给纱条加上捻回。

3. 卷绕机构

该机构由引纱罗拉、卷绕槽筒组成。

（二）工艺过程（见二维码 2-17-1）

DREF-Ⅲ型摩擦纺纱机的工艺过程如图 2-17-1 和图 2-17-2 所示。第一喂入系统喂入的条子经四罗拉双皮圈牵伸而形成的须条作为芯纱，进入尘笼加捻区即被加上捻回，因其两端被握持而形成假捻结构。第二牵伸区可同时喂入 4～6 根条子，它们经罗拉牵伸，然后被输送至一对表面包有锯条、转速可达 12 000 r/min 的分梳辊，经过分梳，呈单纤维状态；随后在分梳辊的离心力和尘笼吸气的作用下，纤维以游离状态通过输送管道被垂直喂入两个尘笼的楔形区，包缠在由第一牵伸区输送过来的芯纱上，将芯纱的假捻捻度固定下来，并随芯纱一起回转加捻，形成包芯纱。此类型的摩擦纺属于非自由端纺纱。DREF-I 型摩擦纺纱机只有一个喂入系统，无连续芯纱的喂入机构，因此属于自由端纺纱。

摩擦纺具有独特的成纱结构，不同纤维在成纱截面中可按设计分布，其原理如图 2-17-3 所示：并排喂入 6 根条子，条子 1 的纤维落在两个尘笼之间，成为摩擦纱的纱芯；条子 2～5 的纤维逐层包覆在纱芯上，条子 6 的纤维主要分布在纱的表面。

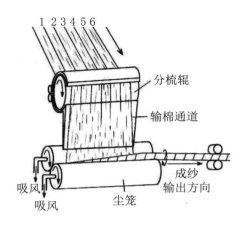

图 2-17-3　摩擦纺成纱结构形成原理

（三）传动系统

DFEF-Ⅲ型摩擦纺纱机的传动系统如图 2-17-4 所示。

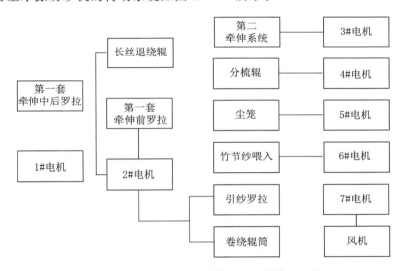

图 2-17-4　DFEF-Ⅲ型摩擦纺纱机的传动系统

要求学生进一步了解以下内容：

（1）DREF-Ⅲ型摩擦纺纱机的结构与主要部件。

（2）摩擦纺的成纱原理及结构。

五、作业与思考题

1. 简述摩擦纺纱的成纱原理及特点。

2. 试分析摩擦纺纱线的结构及其性能。

3. 在 DREF-Ⅲ型摩擦纺机上可以纺出哪些类型的纱线？

实验十八　　络筒工艺与设备

一、实验目的与要求

（1）了解络筒工序的作用与任务。

（2）理解络筒的工艺过程。

（3）掌握络筒机的主要结构及机件的主要作用。

二、基础知识

络筒机是纺织行业的专用设备。络筒作为纺纱的最后一道工序和织造的首道工序，起着承上启下的"桥梁"作用，在纺织领域占有重要的地位。

（1）络筒的主要任务：改变卷装形式，增加卷装的容纱量，提高后道工序的生产率和质量；清除纱线上的疵点，改善纱线品质。

（2）络筒的要求：卷装成形良好，无疵点；纱圈排列均匀，无重叠，利于退绕；卷绕张力、密度符合工艺要求；结头可靠；卷绕长度一致。

三、实验设备

自动络筒机。

2-18-1

四、实验内容

本实验主要介绍自动络筒机（见二维码 2-18-1），其工艺过程如图 2-18-1 所示。自动络筒机主要由车头控制箱、机架、络纱锭及其包含的电子清纱器和捻接器、自动落筒机、电脑系统、气流循环系统等部分组成。纱线自管纱 1 上退绕下来，经过气圈控制器 2、预清纱器 4、纱线张力装置 5、捻接器 6、电子清纱器 7、切断夹持器 8、上蜡装置 9、捕纱器和导纱槽筒 10，最后被卷绕在筒子 11 上。

1. 车头控制箱

电源控制装置、电脑系统、电子清纱器的控制仪、空吸装置、压缩空气控制和仪表显示等，都安装在车头控制箱内，构成中央控制部位。

2. 机架

属于装配式组合机架。机型不同，每节机架上安装的锭数不同。可根据需要，将相同锭数的机架连接起来。

3. 络纱单元

细纱纱管插在插纱锭脚上，纱线引出后，经过气圈控制器、预清纱器、纱线张力装置、捻接器、电子清纱装置、切断夹持器及上蜡装置，从捕纱的捕纱口前面通过，到达槽筒表面，最后卷绕到筒管上，形成筒子。

（1）气圈控制器。在细纱退绕的过程中，管纱从满纱到空管的过程中，退绕张力是不同的。气圈控制器能有效地控制气圈形状，均匀气圈张力，并获得卷绕密度均匀的筒纱，还能防止管纱退绕过程中的脱圈。

（2）预清纱器。预清纱器可以采用缝隙式，结构简单。如纱线通过缝隙时，纱线的直径得到检验，粗节、棉结和附着在纱线上的杂质、绒毛和尘屑等得到部分清除。清纱装置的缝隙大小应根据纱线的纤维类别、纱线粗细、络筒速度、织物品种的外观要求等进行适当选择。缝隙过大，粗节纱和纱圈容易漏过；缝隙过小，易使断头增多并刮毛纱线。

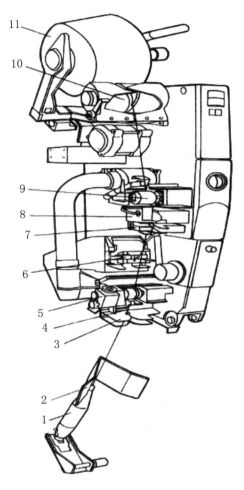

1—管纱；2—气圈控制器；3—下剪刀；4—预清纱器；5—张力装置；6—捻接器；
7—电子清纱器；8—切断夹持器；9—上蜡装置；10—槽筒；11—筒子

图 2-18-1　自动络筒机的工艺过程

（3）纱线张力控制装置。纱线张力控制装置一般包括张力装置、纱线张力传感器及自动控制元件。该装置控制的附加张力是变化的，它随退绕张力变化而反向变化，以调节或补偿张力，使络纱张力保持恒定。张力装置的作用是给予纱线附加张力，以形成结构紧密、容纱量足够大的筒子。纱线从张力装置的两个张力盘之间通过，张力盘的转动方向与纱线运行方向相反，从而防止灰尘微粒的集聚和张力盘的磨损乃至被纱线磨出沟槽。纱线张力传感器安装在锭位纱路中清纱器的后边，对卷装处的纱线实际张力做连续直接测量。测试仪能直接显示各锭位的张力。张力测量值通过控制系统电路传递至张力器，以此调节张力器对纱线的压力，即纱线张力不仅可直接测量，而且直接受到张力器压力的调节而维持在一个恒定水平。

纱线张力控制不仅能防止管纱退绕至管底时张力增加，也能通过加压来补偿加速期间的较低张力。这种装置为管纱从管顶至管底的退绕过程中发生的张力波动提供了可靠的补偿。通过电脑可为所有张力装置集中设定所需的张力值，以保证各卷装之间的成形一致性，并将卷装密度的差异降至最低。

（4）毛羽减少装置。有的络筒机上安装了气流式或机械式的毛羽减少装置，位于张力器下方。如气流式毛羽减少装置的工作机理是，圆形腔内有一压缩空气喷嘴，它喷出气流，使运行中的纱线在圆形腔内旋转并贴附于腔壁，将蓬松的毛羽捻附在纱体上，结果使毛羽减少，纱线外观得到改善。

（5）自动捻接器（见二维码 2-18-2）。捻接是综合现代技术的结果，形成的结头具有理想的外观，捻接强力接近原纱的平均强力。在自动络筒机上，普遍采用气动捻接技术，由机器自动完成断纱的接头工作。自动捻接先用压缩空气使纱头解捻，然后加捻，使并合在一起的纱头纤维缠绕在一起。压缩空气的喷射与截止，由络纱锭计算机控制电磁阀来实现。捻接后开始卷绕时，捻结通过电子清纱器的检测槽，电子清纱器完成对捻接质量的检测。

2-18-2

（6）电子清纱器。电子清纱装置由电源控制箱和检测放大器及检测头组成。电子清纱装置检测头的检测方式有两种，一种为光电式，另一种是电容式。被检测纱线在电子清纱装置的检测槽中均为非接触通过，检测装置不会损伤纱条。由检测头将纱线直径的变化转换成电信号，信号经放大后与设定值比较，检测到纱疵及时由切刀将纱线切断，达到清纱目的。电子清纱器大大提高了清纱装置的切除准确性和清除效率，检测比较准确，调节也方便。

（7）切断夹持器。切断夹持装置执行电子清纱器所发出的指令，把粗细疵点和双纱疵点切除，夹持器把被切断的纱夹持住。

（8）上蜡装置。根据产品的需要，可配置上蜡装置对纱的表面均匀地上蜡，贴伏纱线毛羽，用以降低后道工序加工时纱线表面的摩擦系数。

（9）捕纱器。捕纱器在上蜡装置的上方。捕纱口位于导纱板的上方，紧靠在正在运行的纱条的后面。纱条断头时，捕纱器把下方的纱头吸入，并保持在此位置。切断装置的切刀把纱切断后，捕纱器把切下的纱头吸入。

（10）槽筒和筒子架。槽筒和筒子架是络纱卷绕的最重要部件。络筒机卷绕机构的作用是使纱线以螺旋线的形式均匀地卷绕在筒管表面形成筒子卷装。槽筒摩擦卷绕：恒速、等卷绕角卷绕，但存在重叠卷绕，需要防叠装置。锭轴传动卷绕：卷绕角逐渐减小、络筒速度逐渐增大；纱圈排列均匀，无重叠卷绕。数字（有级精密）卷绕：恒速、等卷绕角卷绕，纱圈排列均匀，无重叠卷绕，筒子成形良好。目前多用数字精密卷绕。

4. 除尘系统

空吸装置的风机与贯通全机的高效除尘机构组成除尘系统，包括管纱除尘器、巡回吹风机及多喷嘴装置。它是一个不断运动的清洁系统，对提高络筒质量和车间环境清洁极为有利。

5. 自动落筒与定长装置

当筒子卷绕达到预定长度或直径时，自动络筒机定位后落筒，并换上一只在络纱锭上方的筒管库内的空筒管，给空筒管绕上生头纱。同时，络筒机按要求给筒子绕好尾纱。电脑系统可以为每个生产组合建立满筒长度或直径数据库，设定两套数据来控制满筒自停装置，同时控制筒子的绕纱长度和卷绕密度两个参数，生产品质优良的筒纱。

6. 电脑系统

每台络筒机都装备了电脑检测信息控制系统，对整个生产程序进行储存、控制和检测，并提供生产数据。

要求学生了解络筒机的主要机构和工作过程。

五、作业与思考题

1. 络筒工序的主要任务是什么？
2. 简述络筒工序的工艺过程。

实验十九　并捻工艺与设备

一、实验目的与要求

（1）了解并纱机、捻线机的工作原理和工艺过程。

（2）了解并纱机、捻线机的结构及各机件的主要作用。

（3）了解并纱机、捻线机的传动系统。

二、基础知识

细纱纺成后，按其不同的用途要求，有的直接经络筒、整经、浆纱和络纬等工序，分别做成经轴、织轴和纡子；有的经络筒工序做成筒子纱，或者再经摇纱工序做成绞纱，作为成品出售。还有一些细纱，其在强力、条干均匀度及手感等方面，不符合直接加工成织物或工业用线的要求，因而需要根据产品的风格特点，把若干根单纱捻合成股线。为保证股线的结构均匀，单纱张力应一致；在捻线加工之前，要除去单纱中的杂质、飞花、结子、粗节等外观疵点，以保证股线的条干及表面光洁。为提高捻线机的工作效率，在捻线加工前，单纱一般要经过络筒加工，还要经过并纱加工。

将单纱加工成股线的工序，称为并捻工序，其工艺流程如下：

三、实验设备

并纱机、捻线机（环锭、倍捻）。

四、实验内容

（一）并纱机组成及工艺过程（见二维码 2-19-1）

如图 2-19-1 所示，并纱机主要由卷取、导纱、清纱、张力、断头探测、切纱、夹纱等装置组成。喂入单纱筒子 1 放置在搁架上。各纱筒之间装有隔纱板。纱线由筒子上退绕出来，经过气圈控制器 2、导纱器 3，穿过清纱器 4、纱线张力装置 6、断头探测器 5、切纱与夹纱装置 7，由支撑罗拉 10 支撑，并由导纱装置 8 导向，卷绕成筒子 9。

（二）捻线机

捻线机的种类很多，有环锭、翼锭、倍捻和花式等。目前，倍捻机因其效率高、流程短而得到广泛使用。本实验主要介绍环锭捻线机和倍捻机。

1. 环锭捻线机

（1）环锭捻线机的组成。环锭捻线机主要由喂入部分、罗拉部分、断头自停装置及卷绕成形部分等组成，见图 2-19-2。环锭捻线机的加捻与细纱机的类似。

① 喂入部分，主要包括筒子架、导纱杆和导纱钩。

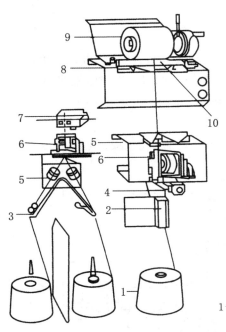

图 2-19-1 高速并纱机工艺过程

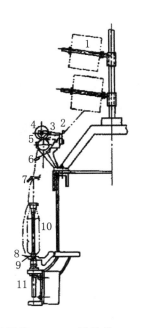

1—并纱筒子；2—导纱管；3，7—导纱钩；4—上罗拉；5—下罗拉；
6—断头自停钩；8—钢丝圈；9—钢领；10—纱管；11—锭子

图 2-19-2 环锭捻线机结构与工艺过程

②罗拉部分，主要由一对金属光罗拉组成。

③断头自停装置（图 2-19-3）。自停片与断头自停探针为一体，活套在小轴上。当纱线正常运行时，探针受到纱线张力左右而抬起，此时自停片远离上、下罗拉的后钳口。当纱线断头后，探针失去控制而下落，自停片就以小轴为支点向前插入上、下罗拉的后钳口。由于上罗拉依靠下罗拉的摩擦而转动，自停片插入上下罗拉钳口后，上罗拉便停止转动，因而纱线不能继续向前输送，起到断头自停的作用。

④卷绕成形部分。环锭捻线机的卷绕成形部分与环锭细纱机大致相似，仅在规格上有所不同。

（2）环锭捻线机的工艺过程（见二维码 2-19-2）。

环锭捻线机工艺过程如图 2-19-2 所示。从并纱筒子 1 引出的纱，经导纱管 2、导纱钩 3 和上罗拉 4、下罗拉 5 出来后，再经断头自停钩 6、导纱钩 7、钢丝圈 8、钢

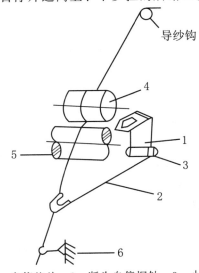

1—自停垫片；2—断头自停探针；3—小轴；
4—上罗拉；5—下罗拉；6—导纱钩

图 2-19-3 环锭捻线机断头自停装置

领 9，最后被卷绕到随锭子 11 一起回转的纱管 10 上。环锭捻线机除了罗拉部分无牵伸作用，其余部分均与细纱机相似。

2．倍捻机

在环锭捻线机上，锭子（通过纱带动钢丝圈绕钢领）回转一周，纱线便得到一个捻回。然而在倍捻机上，锭子回转一周，纱线便得到两个捻回：第一个捻回发生在纱线张力装置 5 和储纱盘出口 7 之间；第二个捻回发生在储纱盘出口 7 和导纱钩 11 之间，见图 2-19-4(a)。因此，倍捻机的加捻效率和产量较环锭捻线机有大大提高。

（1）倍捻机的组成。倍捻机主要由动力部分、倍捻单元和传动部分等组成，见图 2-19-4(b)。

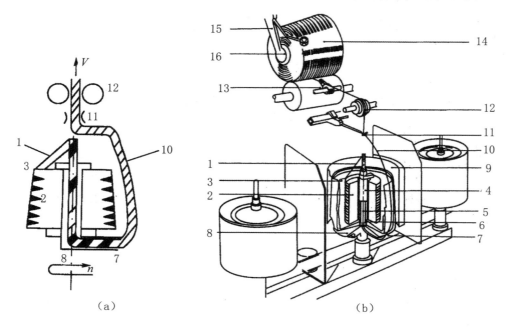

（a）　　　　　　　　　　　（b）

1—纱线；2—喂入筒子；3—退绕器（又叫锭翼导纱钩）；4—纱闸；5—空心锭子轴；
6—锭子转子；7—储纱盘出口；8—储纱盘；9—气圈罩；10—气圈；11—导纱钩；
12—超喂辊；13—横动导纱器；14—卷绕筒子；15—筒子夹；16—筒子夹圆盘

图 2-19-4　倍捻机结构与工艺过程

①动力部分，主要包括电动机、电器控制箱、指示器和操作面板。

②倍捻单元，主要包括锭子制动装置、倍捻机锭子部分、纱线卷绕装置、倍捻单元的特殊装置等。要求学生仔细观察以下部分主要机件的形状、结构和作用：

锭子制动装置，主要包括锭子传动带和皮带轮、带子锭子制动的踏板。

倍捻机锭子部分，主要包括可储纱和导向的锭盘、纱线张力装置、退纱器、气圈罩、导纱钩和断纱停机落钩等。

纱线卷绕装置，主要包括倾斜罗拉、超喂罗拉、储纱装置、横向导纱钩、筒子、升降筒子架和筒管盘。

③传动部分。电动机通过皮带盘、皮带、锭子龙带，传动锭子；锭子龙带通过齿型带、减速装置等传动卷绕罗拉、超喂罗拉等，同时将横动凸轮的转动转化为滑块往复运动，带动

横动导纱器做往复运动；防重叠装置可避免筒管上形成条状花型的卷绕形态；由电磁离合器控制的脉冲，周期性地变换横向导纱器的速度。

（2）倍捻机的工艺过程（见二维码 2-19-3）。

图 2-19-4（b）所示为倍捻机的工艺过程。并纱筒子置于空心锭子中。纱线 1（无捻）借助退绕器 3（又叫锭翼导纱钩），从喂入筒子 2 上退绕输出，然后从锭子上端进入纱闸 4 和空心锭子轴 5，再进入旋转状态的锭子转子 6 的上半部，接着从储纱盘 8 的纱槽末端的小孔 7 中出来。此时，纱线在空心锭子轴内的纱闸和锭子转子内的小孔之间受到第一次加捻，即被施加第一个捻回。已经加了一个捻回的纱线，绕着储纱盘 8 形成气圈 10，受气圈罩 9 的支承和限制，气圈在顶点处受到导纱钩 11 的限制。纱线在锭子转子及导纱钩之间的外气圈受到第二次加捻，即被施加第二个捻回。经过加捻的股线通过超喂辊 12、横动导纱器 13，交叉卷绕到卷绕筒子 14 上。卷绕筒子被夹在筒子夹 15 上两个中心对准的圆盘 16 之间。

要求学生在初步了解并纱机、捻线机的组成和工艺过程之后，进一步观察，了解以下内容：

（1）并纱机的卷绕机构、成形机构、防叠装置、断头自停装置和张力装置。

（2）捻线机的喂入机构、断头自停装运置。

另外，要求学生对照实验用设备绘制并纱机、捻线机的传动系统简图。

五、作业与思考题

1. 说明并纱机、捻线机的主要作用。

2. 比较捻线机与细纱机的不同点。

3. 比较环锭捻线机与倍捻机的不同点。

实验二十　空心锭花式捻线工艺与设备

一、实验目的与要求

（1）了解空心锭花式捻线机的结构及各部分的主要作用。

（2）了解花式纱的生产步骤及花型形成过程。

（3）了解花式捻线机的工艺调节方法。

二、基础知识

花式纱线是指在纺纱和制线过程中采用特别原料、特种设备或特种工艺对纤维或纱线进行加工而得到的具有特殊结构和外观效应的纱线，是纱线产品中具有装饰作用的一种纱线。花式纱线是具有各种不规则截面、不同结构或不同颜色的特殊纱线。

花式纱线的种类繁多，但其主要产品可分为三种，即超喂型花式纱线、控制型花式纱线和特种花式纱线。

1. 超喂型花式纱线

超喂指的是饰纱的喂入速度大于芯纱的喂入速度，两者的比值即超喂比：

$$超喂比＝饰纱喂入线速度/芯纱喂入线速度$$

超喂比是直接影响花式纱线结构和性能的关键参数。超喂型花式纱线有波纹纱、圈圈纱等。

2. 控制型花式纱线

控制型花式纱线的超喂比在整个纺纱过程中是变化的，而且是可以人为控制的。这一点和超喂型花式纱线不同。因此，控制型花式纱线的产品种类更丰富，有结子纱、竹节纱、大肚纱等。在利用计算机控制超喂比的设备上，一般都通过编程来控制罗拉速度的变化。

3. 特种花式纱线

特种花式纱线的生产设备和以上两种花式纱线的生产设备有较大的差异，大都由专门的设备生产。特种花式纱线主要有雪尼尔纱、包缠纱、变形纱等。

空心锭花式捻线机是纺制花式纱线的一种新设备，它改变了传统花式捻线机的加工过程，将纺纱、一次加捻、二次加捻和络筒四道工序合而为一，大大简化了花式纱线的生产工艺，提高了工效，降低了成本，增加了花色品种。

空心锭花式捻线机的成纱机构按其功能可分为四个系统：牵伸系统、饰纱超喂及固纱包缠系统、假捻系统、卷绕系统。空心锭最大的特点是集细纱、捻线、络筒功能为一体，可同时将三根（或三根以上）纱线进行假捻、包缠，并根据不同的超喂比和不同的捻度进行匹配，可分别形成包缠纱和花式纱。当加捻器对一根或多根纱线在两个握持点之间进行加捻时，纱线上会产生假捻，如果在空心锭上插一只带有固纱的筒管，则固纱与其他纱一起进入空心锭，在空心锭内某一点交汇并互相捻合（二次加捻）。随着纱线通过空心锭假捻点，纱线自身由假捻器施加的捻度会自行退解，而芯纱、饰纱、固纱之间的包缠捻度则不能退解，由此形成多根纱线的包缠效应。

使用空心锭花式捻线机纺制花式纱线时，花式纱一般由三根以上的纱线（即芯纱、饰纱、固纱）按一定的超喂比经过加捻而形成，其工艺过程如图 2-20-1 所示。

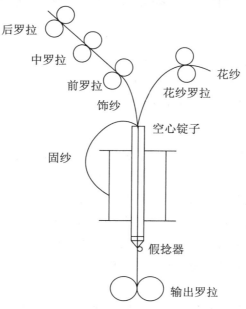

图 2-20-1　纺制花式纱线的工艺过程

三、实验设备

空心锭式捻线机。

四、实验内容

1. 机构组成（见二维码 2-20-1）

空心锭式捻线机由牵伸装置、饰纱超喂及固纱包缠装置、加捻装置、卷绕装置和机电控制系统等组成。

2-20-1

2. 工艺过程（见二维码 2-20-2）

2-20-2

如图 2-20-1 所示，芯纱由芯纱罗拉经导纱杆喂入空心锭子（在部分花式捻线机上，芯纱由前罗拉沟槽部位喂入）；饰纱经牵伸机构进入空心锭子，并以超喂的形式喂入；固纱从空心锭子筒管上引出，和芯纱、饰纱一起进入空心锭子。接着，在假捻器之前，固纱、芯纱和饰纱平行回转，而在通过假捻器之后，固纱和芯纱、饰纱捻合在一起，最后经输出罗拉，被卷绕成筒子纱。在纺制过程中，芯纱需有一定的张力，饰纱要有一定的超喂比（超喂型花式纱），固纱必须包缠，三者缺一不可，这样才能形成花式效应。

要求学生仔细观察改变工艺参数之后花式纱线的花型变化情况。

五、作业与思考题

1. 花式纱线主要有哪些种类？
2. 分析空心锭子对芯纱和饰纱的加捻作用。
3. 简述用空心锭花式捻线机生产花式纱线的工艺原理。

实验二十一　环锭纺花式纱工艺与设备

一、实验目的与要求

（1）了解纺制环锭纺花式纱的装置结构和纺纱原理。

（2）了解调节哪些工艺参数可纺出不同规格的花式纱。

二、基础知识

花式纱是一种广义的统称，是指通过各种方法获得的具有特殊外观、色彩、手感、结构和质地的纱线，可以分为花式纱线、花色纱线和综合花式纱三大类。其中，花式纱线的主要特征是具有不规则的外观和纱线结构，如竹节纱、大肚纱、包芯纱、点子纱、结子纱等；花色纱线的主要特征是纱线外观在其长度方向上呈现不同色泽变化或特殊效应的色泽，如段彩纱、云纹纱、个性混色的色纺纱等；综合花式纱的主要特征是具有花式纱线和花色纱线两者的特征，如段彩竹节纱。通常所说的花式纱泛指这三类。

（一）竹节纱

竹节纱最基本的结构参数有四个：基纱线密度（Ntb）、竹节倍率、竹节长度（LS）和基纱长度（LB）。竹节倍率是指竹节（粗节）线密度相对于基纱（细节）线密度的倍数。此外，竹节纱进一步细分的结构参数还有竹节表观段长度（ls）、基纱表观段长度（lb）、过渡段长度（L_T）、竹节线密度（Nts）。如图 2-21-1 所示。

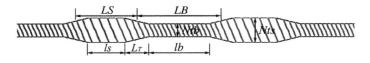

图 2-21-1　竹节纱结构

1. 普通竹节纱

按竹节的生成方式，普通竹节纱有以下三类：

（1）有规律生成方式。此方式得到的是有规律竹节纱，其竹节长度、基纱长度和竹节倍率均为固定值或循环数据，特点是竹节在布面形成规律变化。

如图 2-21-2 所示，A1、A2、A3 表示竹节长度，B1、B2、B3 表示基纱长度，D1、D2、D3 表示竹节倍率。理论上，环锭纺最短竹节长度为纤维长度，最长竹节长度为任意长度，基纱长度亦然。

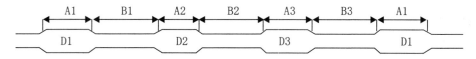

图 2-21-2　有规律竹节纱

（2）随机组合生成方式。分别设计多组基纱长度、多组竹节长度和竹节倍率，一个竹节长度对应一个竹节倍率。一组竹节工艺参数对应一个竹节单元。一组竹节工艺参数包括竹节长度、基纱长度和竹节倍率。对于每组竹节工艺参数，基纱长度从多组基纱长度中随机选取，竹节长度和竹节倍率从多组竹节长度和竹节倍率中随机选取，用以纺制竹节纱。

（3）随机无规律生成方式。分别设定竹节长度、基纱长度和竹节倍率的范围，随机生成若干组竹节工艺参数，可纺制竹节呈无规律变化的竹节纱。

2. 波浪竹节纱

一组波浪竹节纱由三个第一倍率竹节和三个第二倍率竹节组成，如图2-21-3所示。

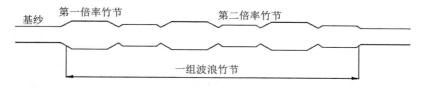

图 2-21-3　波浪竹节纱

3. 负竹节纱

负竹节纱是指竹节倍率小于1的竹节纱，如图2-21-4所示。

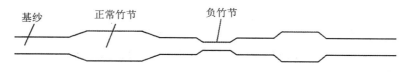

图 2-21-4　负竹节纱

4. 段彩竹节纱

段彩竹节纱是指竹节纱的竹节部分附加与基纱颜色不同的纤维，如图-21-5所示。

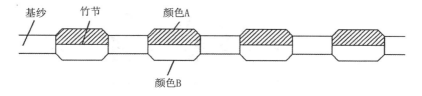

图 2-21-5　段彩竹节纱

（二）段彩平纱

平纱就是常规纱，即纱条轴向各部位的粗细相同。花色平纱也叫段彩平纱。段彩平纱与段彩竹节纱相比有根本区别，段彩平纱的线密度处处相等，条干均匀，如图2-21-6所示。

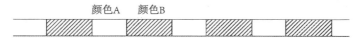

图 2-21-6　段彩平纱

（三）环锭纺花式纱生产原理

环锭纺竹节纱的工作原理：间歇式地改变罗拉速度，使得牵伸倍数瞬时变小，因此成纱结构上间隔产生一段粗节。采用的方法有两种：一种是使前罗拉速度瞬时降低或停顿；另一种是使后罗拉超喂。通常，两者采用的方法都是改变后罗拉的速度。罗拉变速采用的方式一般是机械式或机电结合式，如图 2-21-7(a) 所示。

纺制普通竹节纱的工作原理：环锭细纱机的中、后罗拉由伺服电动机通过一对齿形带轮传动，前罗拉由细纱机上的部分原有轮系传动，而伺服电动机由可编程控制器根据输入的竹节工艺参数控制转动，从而使中、后罗拉能按工艺要求进行变速转动，瞬时增速超喂，产生粗节而形成竹节纱，如图 2-21-7(b) 所示。

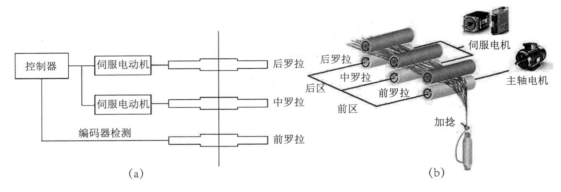

(a)   (b)

图 2-21-7　竹节纱的工作原理

段彩竹节纱的形成原理：在常规环锭细纱机的中罗拉部位喂入基本粗纱，通过后罗拉间歇喂入彩色粗纱，生产出段彩竹节纱，如图 2-21-8 所示。

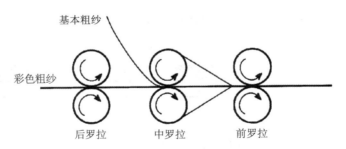

图 2-21-8　段彩竹节纱的形成原理

还可以通过在后罗拉位置交替喂入不同颜色的粗纱而形成段彩纱。图 2-21-9 所示为我国研制的三通道环锭细纱机，将三种不同的粗纱喂入前区牵伸，经前罗拉输出，再经加捻卷绕成管纱。可形成段彩竹节纱和段彩平纱（图 2-21-10）。

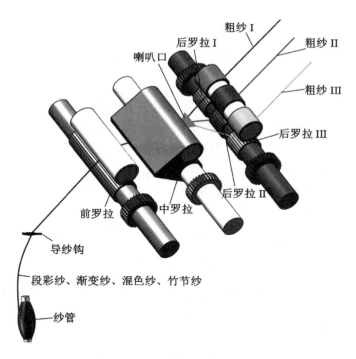

图 2-21-9 三通道环锭细纱机

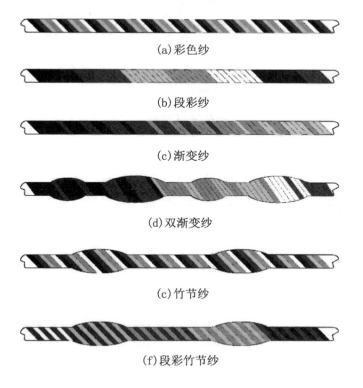

(a)彩色纱

(b)段彩纱

(c)渐变纱

(d)双渐变纱

(c)竹节纱

(f)段彩竹节纱

图 2-21-10 三通道花式纱

三、实验设备

具有花式纱功能（或装有竹节纱装置）的环锭细纱机。

四、实验内容

了解具有花式纱功能（或装有竹节纱装置）的环锭细纱机及竹节纱的纺制原理。

1. 具有花式纱功能（或装有竹节纱装置）的环锭细纱机的组成

具有花式纱功能（或装有竹节纱装置）的环锭细纱机需通过齿轮和伺服电机驱动控制。

2. 环锭竹节细纱机的工艺过程

环锭纺花式纱的工艺过程与普通环锭纺的工艺过程基本相同。

3. 环锭竹节纱纺制实验

（1）原理。在环锭纺细纱机上纺制竹节纱，其基本原理如下式：

$$总牵伸倍数=\frac{前罗拉线速度}{后罗拉线速度}=\frac{粗纱定量}{细纱定量} \tag{2-21-1}$$

（2）实验设计。采用改变后罗拉速度的方式（后罗拉线速度1为纺基纱段时的速度，后罗拉线速度2为纺竹节段时的速度），纺制基纱为18.2 tex（32^s）的竹节纱，粗纱定量为6 g/10 m，锭子转速为8000 r/min，捻系数为450。实验参数设置见表2-21-1。

表 2-21-1　实验参数设置

实验序号	竹节长度	基纱长度	竹节倍率	后罗拉线速度1	后罗拉线速度2
1	20	30	1.5		
2	40	30	1.8		
3	30	50	2		

（3）实验操作。按照表2-21-1的设置进行纺纱实验，对纺制得到的竹节纱试样，测试其竹节长度、基纱长度和竹节倍率。

五、作业与思考题

1. 环锭纺花式纱与花式捻线机的花式纱原理有何不同？
2. 多通道环锭纺与常规环锭纺的花式有何不同？

实验二十二　转杯纺花式纱工艺与设备

一、实验目的与要求

（1）了解纺制转杯竹节纱的装置结构和纺纱原理。

（2）了解纺制转杯段彩纱的装置结构和纺纱原理。

（3）了解调节哪些参数可以纺出不同规格的转杯纺花式纱。

二、基础知识

转杯纺花式纱是在传统转杯纺的基础上发展起来的新技术，特别是近年逐渐发展成熟的双喂入双分梳转杯纺和多通道转杯纺，使得转杯纺花式纱的种类越来越丰富，发展也越来越成熟。

转杯纺竹节纱和段彩纱的基本参数与环锭纺竹节纱相同，可参照环锭纺花式纱的相关内容。

1. 双喂入分梳转杯纺技术

双喂入双分梳转杯纺技术的核心是将传统转杯纺的单喂入、单分梳改变为双喂入、双分梳，如图 2-22-1 所示。

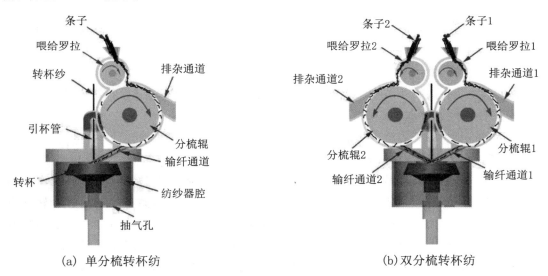

（a）单分梳转杯纺　　　　　　　　（b）双分梳转杯纺

图 2-22-1　单分梳转杯纺和双喂入双分梳转杯纺

2. 多通道转杯纺技术

多通道转杯纺是在传统转杯纺纱机的给棉罗拉上进行改造而发展起来的，设置 2～3 个独立控制的给棉罗拉，分别采用 2～3 根纤维须条同步或者异步喂入，经过分梳辊梳理，进入转杯，在分梳辊、转杯处完成混合，最后由转杯加捻成纱，再经过卷绕罗拉卷绕，形成筒子纱，如图 2-22-2 所示。

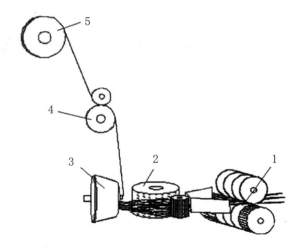

1—组合式给棉罗拉；2—分梳辊；3—转杯；4—引纱罗拉；5—筒子

图2-22-2　多通道转杯纺

三、实验设备、仪器和工具

配置竹节纱装置的转杯纺纱机或双喂入双分梳转杯纺纱机或多通道转杯纺纱机，测量尺，电子天平。

四、实验内容

了解配置竹节纱装置的转杯纺纱机或双喂入双分梳转杯纺纱机或多通道转杯纺纱机及转杯竹节纱的纺制。

1. 转杯竹节纺纱机的组成

配置竹节纱装置的转杯纺纱机或双喂入双分梳转杯纺纱机或多通道转杯纺纱机。

2. 纺制转杯竹节纱的工艺过程

纺制转杯竹节纱的工艺过程与常规转杯纺纱机的工艺过程基本相同。

3. 转杯纺竹节纱的纺制实验

以双喂入双分梳转杯纺纱机为例。通过改变左、右两个喂给罗拉的速度，改变牵伸倍数，从而实现纺制转杯纺段彩纱或竹节纱。转杯纺纱的主要工艺参数有转杯速度、转杯直径、假捻盘规格、分梳辊规格及速度、喂给罗拉及引纱罗拉的速度等，竹节纱的主要参数有粗节倍数、竹节长度及竹节间距等，段彩纱的主要参数有段彩长度、混纺比、变化规律等。

双分梳转杯纺纱机或多通道转杯纺纱机的纺纱工艺计算方法如下：

（1）纱线捻度按下式计算：

$$T_t = \frac{N}{V} \tag{2-22-1}$$

式中：T_t 为纱线捻度（捻/m）；V 为引纱罗拉线速度（m/min）；N 为转杯转速（r/min）。

（2）不考虑排杂等因素的影响，通过喂给罗拉喂入的纤维质量和由引纱罗拉引出的纱线质量在单位时间内应保持平衡，因此：

$$N_t \times V = V_1 \times W_1 \times 200 + V_2 \times W_2 \times 200 \tag{2-22-2}$$

式中：N_t 为所纺转杯纱的线密度（tex）；V_1 为喂给罗拉 1 的线速度（m/min）；W_1 为喂入纤维条 1 的定量（g/5 m）；V_2 为喂给罗拉 2 的线速度（m/min）；W_2 为喂入纤维条 2 的定量（g/5 m）。

（3）为了使引纱罗拉引出的转杯纱顺利卷绕在筒子上，且筒子纱保持较好的形态，卷绕罗拉和引纱罗拉之间需要一定的张力系数 F：

$$F = \frac{V_3}{V} \tag{2-22-3}$$

式中：V_3 为卷绕罗拉线速度（m/min）。

4. 实验方案设计

（1）实验方案 1，确定工艺参数，纺制 18.2 tex 普通转杯纱。

（2）实验方案 2、3，改变工艺参数，纺制竹节较长的 18.2 tex 转杯竹节纱。

（3）实验方案 4、5，改变工艺参数，纺制颜色呈规律变化的 18.2 tex 转杯段彩纱。

（4）实验步骤如下：

①设置各实验方案的工艺参数，见表 2-22-1。

表 2-22-1 各实验方案的工艺参数设置

实验方案序号	纺纱线密度（tex）	棉条定量1（g/5 m）	棉条定量2（g/5 m）	转杯速度（r/min）	分梳辊规格	分梳辊速度（r/min）	捻系数	假捻盘规格（mm）	转杯直径（mm）
1	18.2			50 000	OK40	7000	480	φ17×2	36
2	18.2（基纱）			50 000	OK40	7000	480	φ17×2	36
3	18.2（基纱）			50 000	OK40	7000	480	φ17×2	54
4	18.2			50 000	OK40	7000	480	φ17×2	36
5	18.2			50 000	OK40	7000	480	φ17×2	54

根据实验方案 2、3 纺制转杯竹节纱时，需先确定竹节纱的基本参数，再根据基本参数和使用的转杯纺纱机类型，计算单个喂给罗拉的速度变化规律或两个喂给罗拉速度相互配合的规律。

根据实验方案 4、5 纺制转杯段彩纱时，需先确定段彩纱的颜色变化规律，再结合使用的转杯纺纱机类型，计算两个喂给罗拉速度相互配合的规律。

②将参数输入计算机。

③按照各实验方案进行纺纱。

④根据纺制得到的纱线样品，对其竹节长度、竹节间隔、粗节倍数、段彩长度、段彩间隔等进行测试。

五、作业与思考题

1. 转杯纺花式纱有哪些种类？

2. 双通道喂入的转杯纺与双喂入分梳辊的转杯纺有何不同？

第三章　纺纱原理实验

实验一　纺纱原料开松除杂实验

一、实验目的与要求

（1）掌握杂质分析仪的使用方法和纺纱原料含杂率的测定方法。

（2）了解开松设备除杂效率的测定方法。

二、基础知识

原料中存在的非纤维物质统称为杂质，包括土杂和植物性杂质。纺纱原料的开松除杂实验是检验纺纱准备工序加工工艺和开松除杂设备机械性能的基本方法，是生产厂常规试验项目之一。其基本方法是用手扯法或机测法确定纺纱原料的含杂率，并以此为基础确定开松设备的除杂效率；用开松前后纤维的单位体积质量之比确定原料的被开松程度，用以衡量和调整开松设备的工艺参数。

三、实验设备、仪器和试样

（1）开松设备（开毛机和梳毛机或开清棉联合机和梳棉机），杂质分析仪，精度为 0.1 g 的天平。

（2）未开松原料若干。

四、实验方法与步骤

1. 手扯法测定原料含杂率

（1）取样。从未开松原料中随机抽取 50 g 纤维作为一个试样，精确至 0.1 g，记录其质量为 m_1，用试样袋或试样盒将试样装好待用。注意：勿丢失杂质。每次试验至少取三个试样，以三个试样的平均测试值作为测定结果。

（2）手扯开松。将每个试样分别用手仔细撕扯，抖落并收集杂质。每个试样全部撕扯后分别称取质量，然后对各试样分别进行第二次撕扯和第二次称重。如此反复，直至前后两次质量差小于 1%，则认为杂质已完全抖落。最后将收集的杂质称重，记录其三次的平均质量为 m_2。则：

$$含杂率 = \frac{m_2}{m_1} \times 100\%$$

(3-1-1)

以三次测试的含杂率平均值作为最终的测试结果。

2. 机测法测定原料含杂率

(1) 取样。同上述手扯法。

(2) 机测。步骤如下：

①启动杂质分析仪，开机空转 2～3 min，停机，清洁杂质箱、净棉箱、给棉台和沉淀室。

②用天平称取 50 g 左右的试样，精确至 0.1 g，记录试样质量 w_1。

③将试样撕松，平整均匀地铺于给棉台上，如看到棉籽、棉秆和草杂等粗大杂质，应随时拣出并单独存放，之后与机拣杂质一并称重。

④机器运转正常后，将试样均匀喂入给棉罗拉，经锡林梳理和气流分离，直到整个试样喂入完毕。

⑤收集杂质箱中所有带纤维的杂质，将其喂入杂质分析仪。

⑥待尘笼或集棉网上的纤维落入净棉箱，取出全部净棉，再分析一次。

⑦再次收集杂质箱中所有带纤维的杂质，将其喂入杂质分析仪。

⑧收集输出箱中的净棉并称重，精确至 0.1 g，此为净棉质量 w_2。

⑨从杂质箱中收集杂质，注意要收集附着于沉淀室侧壁和给棉台表面的所有微小的杂质颗粒，称量杂质，精确至 0.1 g，此为可见杂质质量 w_3。最后，按以下公式进行计算：

$$净棉含量 = \frac{w_2}{w_1} \times 100\% \tag{3-1-2}$$

$$可见杂质含量 = \frac{w_3}{w_1} \times 100\% \tag{3-1-3}$$

$$不可见杂质（或损耗）含量 = \frac{w_1 - w_2 - w_3}{w_1} \times 100\% \tag{3-1-4}$$

$$含杂率 = \frac{w_1 - w_2}{w_1} \times 100\% \tag{3-1-5}$$

式中：w_1 为试样质量（g）；w_2 为净棉质量（g）；w_3 为可见杂质质量（g）。

不可见杂质是指残留在机器中或飞到空中的尘杂，即开松除杂加工中的损耗物。

以三次测试的平均值作为最终的测试结果。

3. 除杂效率的测定

取开松（或梳理）前、后的同批纤维各 20 g，分别测定其含杂率，按下式计算开松机（或梳理机）的除杂效率：

$$开松机除杂效率 = \frac{开松前含杂率 - 开松后含杂率}{开松前含杂率} \times 100\% \tag{3-1-6}$$

五、作业与思考题

1. 影响开松机除杂效率的工艺参数有哪些？如何调整？

2. 开清棉设备的落棉率通常控制在什么范围？

实验二　梳理力测试

一、实验目的与要求

（1）了解梳理力在梳棉工序中的作用。

（2）掌握梳理力测试仪器的基本结构、作用原理及操作步骤。

（3）测试比较不同盖板位置或不同锡林—盖板隔距时的梳理力。

二、基础知识

梳棉机的基本作用是对纤维原料进行梳理、除杂、均匀、混合和成条，其中，梳理是首要的任务。在生产过程中，棉束在梳棉机上被梳理分解成单纤维的程度，对纺纱质量有极大的影响。

在梳棉机梳理过程中，梳理力是在针齿共同作用下对纤维束进行松解时产生的。梳理力的大小与喂入原料的结构状态、纤维相互纠缠程度有密切关系，它对纤维的运动、分梳、转移、均匀、混合等作用有很大影响。

本实验运用梳理力动态检测装置，借助传感器感受非电量信号，并将其转换成电量信号输出，从而得到梳理力测试数据。

三、实验设备、仪器、工具和材料

1. 设备和仪器

（1）梳棉机。

（2）电阻应变片、信号放大器和数模（D/A）转换器。

（3）计算机。

（4）稳压电源。

2. 工具

（1）天平、砝码。

（2）梳棉保全工和电工的常用工具。

3. 材料

棉卷等。

四、实验内容（见二维码 3-2-1）

3-2-1

梳理力测定一般采用非电量电测法。应变式传感器的转换元件为电阻应变片。用粘贴的方法将电阻应变片固定在弹性体上，组成测量敏感件。以金属材料为转换元件的电阻应变片，其工作原理基于金属导体的应变效应，即金属导体产生机械变形时，其电阻将随着变形量发生变化。盖板梳理力传感器如图 3-2-1 所示。将针面面积为 $2\ \mathrm{m}^2$ 的针布按照普通盖板针布的位置粘贴在悬臂梁的一端，其另一端安装固定在盖板铁骨上，在梁的固定端侧的两个平面上分别粘贴电阻应变片，且要求相对平面上的电阻应变片位置保持对称。采用以电阻应变片、悬臂梁和盖板针布为主要元件组成的传感器时，当两针面对纤维进行分梳时，盖板针齿受到梳理力的作用，悬臂梁发生微量变形。通过测量电路的作用，粘贴在悬臂梁上的电阻应变片因受机械作用发生变形，从而引起电阻变化并被转换为电压变化。

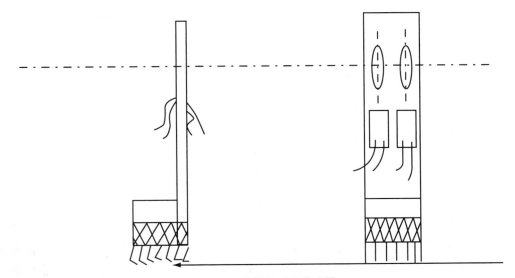

图 3-2-1 盖板梳理力传感器

盖板梳理力传感器安装在专用测试盖板上，可在基本不改变梳棉机工作状态的情况下测定梳理力，测试盖板拆装方便，工作较可靠。盖板梳理力传感器结构如图 3-2-2 所示。

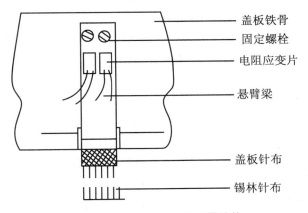

盖板铁骨
固定螺栓
电阻应变片
悬臂梁

盖板针布
锡林针布

图 3-2-2 盖板梳理力传感器结构

当盖板梳理力传感器的针面受到梳理力作用时，悬臂梁发生弯曲变形，从而使针面受力变化转换为电压变化。电压变化符合如下规律：

$$U_{BD} = \frac{6klF}{Ebh^2}U_0$$

式中：U_0 为输入电压；U_{BD} 为输出电压；F 为梳理力；k 为灵敏系数；l 为金属材料头端至应变片栅中点的长度；h 为金属材料厚度；b 为金属材料宽度；E 为金属材料的弹性模数。

梳理力测试装置如图 3-2-3 所示，主要包括电桥、放大器、数模转换器、计算机、稳压电源等部分。

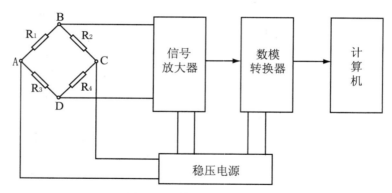

图 3-2-3 梳理力测试装置

将粘贴在悬臂梁上的应变片组成测量电桥。稳压电源供给电桥一特定频率的应变交流电压，作为载波电压。当应变片接收到一个动态变形时，电桥输出一个调幅波。调幅波的包络线与动态变形相似，经放大器放大后，再由相敏检波器解调，并经滤波器滤去残余的载波及其高次谐波，经数模转换器转换成数字信号，即可测得梳理力的动态变化过程。

五、实验步骤

（1）了解梳理力测定原理，熟悉梳棉机和仪器的使用，合理选择测定部位，确定测试方案和选择工艺参数，掌握工艺参数调节方法。

（2）连接电路。项目包括：贴应变片，连接成全桥电路，将 i-7016 信号放大器和 i-7520 数模转换器连好，接上 24V 稳压电源，确保电路已连好。

（3）设置软件参数：打开 DCON Utility→Search 下的 Start Searching→双击"7016"→设置 Configuration Setting 中的 Address，Input range. →设置 Excitation Volt Output。

（4）打开 EZ Data Logger 软件→系统设定中的 COM Port 与步骤 3 中的 Address 对应→根据需要设定"采样时间"→从主菜单中选定"群组设定"→加入模组→在 Description 中输入 7016→Al Num 和 AO Num 设置为 1→通道列表中选定 Al List→点击"编辑通道"→设置 Gain（标定的斜率）和 Offset（标定的截距）→点击">>"。

（5）在程序主界面上点击"开始"记录数据。记录完毕，点击"开启资料库"，在 Data Base 中找到记录数据的文件，双击"WorkGroup"中的文件，载入表格和趋势图，亦可导出至 Excel 软件中做相应的分析处理。

（6）进行静态标定，用砝码进行标定。

（7）按照实验方案，设定好工艺参数。把梳理力传感器安装在盖板位置，进行切向梳理力的测定，观察锡林、盖板分梳区的梳理力变化规律。

（8）统计分析测定结果。

六、作业与思考题

1. 画出梳理力波动图。

2. 比较分析不同盖板位置或不同锡林—盖板隔距时的梳理力变化情况。

3. 比较不同原料的梳理力大小，说明原料性能对梳理力的影响。

实验三　梳理机锡林、道夫纤维转移率测定

一、实验目的与要求

（1）加深对锡林—道夫间纤维转移率含义的认识。

（2）了解影响锡林—道夫间纤维转移率的主要因素。

（3）掌握一种测定梳理机纤维转移率的方法。

二、基础知识

梳理机上锡林—道夫间纤维转移能力会影响锡林、盖板（或工作罗拉）间的针面负荷，从而影响梳理机的分梳、均匀和混合作用，进而影响梳理机的产量和质量。锡林—道夫间纤维转移率 r（以下简称"转移率"），可用下式表示：

$$r = \frac{S_d}{S_c} \times 100\% \tag{3-3-1}$$

式中：S_d 为锡林单位面积上转移至道夫的纤维质量（g）；S_c 为正常运转时锡林在转移前（盖板至道夫或工作罗拉至道夫间）单位面积上的纤维质量（g）。

测定梳理机纤维转移率的方法很多，测试值因测试方法不同而有差异。目前采用较多的是自由纤维法。锡林—道夫间纤维转移率可用下式计算：

$$r = \frac{q_d}{Q} \times 100\% \tag{3-3-2}$$

$$q_d = \frac{\pi \times D_d \times n_d \times e \times G}{5 n_c} \tag{3-3-3}$$

式中：q_d 为锡林一转转移给道夫的纤维质量（g）；D_d 为道夫直径（m）；n_d 为道夫转速（r/min）；e 为道夫—小压辊的张力牵伸倍数；G 为生条定量（g/5 m）；n_c 为锡林转速（r/min）；Q 为自由纤维量（g），即停止喂入后，锡林、盖板（或工作罗拉）继续转移给道夫的纤维质量。

影响纤维转移率的因素很多，主要因素如下：

1. 产量

（1）产量增加：①生条定量不变（即 G 不变），道夫转速增加（即 n_d 增加），亦即 q_d 增加，所以纤维转移率 r 增加；②道夫转速不变（即 n_d 不变），生条定量增加，即 G 增加，所以 r 增加。

（2）产量不变：道夫转速 n_d 增加，生条定量减轻（即 G 减小），此时道夫针布上纤维充满系数少，道夫抓取能力强，致使 Q 减少，r 增加。

2. 锡林转速

锡林转速增加，自由纤维量减少。锡林转速有临界速度，其为 $200 \sim 250$ r/min。在临界速度以下，n_c 增加，r 减少；在临界速度以上，n_c 激增，r 增加。

3. 锡林直径

在表面速度相同的条件下，锡林直径小则转速快，离心力大，纤维转移率大。

4．锡林—道夫间隔距

锡林与道夫之间隔距小，道夫抓取锡林上纤维的概率大，纤维转移率也大。

5．针布规格

锡林针布密度小、角度大、齿浅，配合针隙容纤维量大、角度小、齿深的道夫针布，纤维转移率大。

6．纤维性能

长纤维与金属之间的摩擦力较短纤维大，因而长纤维的转移率较短纤维低。

另外，盖板（或工作罗拉）针布规格及其与锡林间的隔距等，对纤维转移率也有影响。

三、实验设备、仪器、工具和试样

（1）盖板或罗拉梳理机。

（2）条粗测长器。

（3）天平。

（4）测速表。

（5）卷尺。

（6）梳理用的纤维及标记用的少量有色纤维。

四、实验方法与步骤

（1）记录实验机台和有关工艺参数（见表 3-3-1）。

表 3-3-1　实验机台及工艺参数

机型	速度			隔距（1″/1000）		针布型号			张力牵伸
	锡林 (r/min)	盖板 (mm/min)	道夫 (r/min)	锡林—盖板	锡林—道夫	锡林	盖板或工作罗拉	道夫	道夫—小压辊

（2）机器开车生头，待正常运转后关停道夫，在喇叭口前作第一个有色记号（放置数根有色纤维），1 min 后开慢车。当锡林道夫隔距点处形成的厚层纤维网进入喇叭口时，迅速在喇叭口前作第二个有色记号，待记号输出大压辊后即关机停车。用测长器和卷尺测量并记录两个有色记号间的纱条长度，即大压辊至锡林道夫隔距点的长度。

（3）扫清道夫前飞花尘杂，重新开车，正常运转 20 min 后，三人同时操作：一人摇出侧轴，停止喂入；一人卸掉盖板皮带（罗拉梳理机无此项操作）；一人在大压辊前喇叭口处放入数根有色纤维（即做一个有色记号）。三人操作时，由摇侧轴人指挥其他两人同时操作。

（4）收集大压辊处停止给棉后输出的纱条和散纤维，直至机器不再输出纤维为止。收集后，从有色记号点开始去除大压辊至锡林、道夫隔距点长度的纱条，余下的条子和散纤维一起称重，即自由纤维量 Q。

（5）将正常运转 20 min 时间内输出的纱条，取出部分，用来测定生条定量（10 段各 5 m 称重，取平均值）。

（6）以上各项操作重复一次，求出两次测试结果的平均值。

五、作业与思考题

1. 如何测量自由纤维量和生条定量。

2. 按照式（3-3-2）和式（3-3-3）计算纤维转移率 r。

3. 自由纤维量的含义是什么？为什么停止喂入后道夫仍有纤维输出，这些纤维是从哪里来的？

4. 纤维转移率与产量、质量有何关系？哪些因素会影响纤维转移率？

实验四　梳棉机均匀混合作用实验

一、实验目的与要求

（1）熟悉梳棉机的机构及作用。

（2）掌握梳棉机均匀混合作用的实验步骤与方法。

（3）深入理解梳棉机的均匀、混合作用。

二、基础知识

梳棉机除具有分梳除杂作用外，还具有很强的均匀与混合作用。

（1）在锡林和盖板工作区，纤维层在锡林和盖板两针面间受到自由分梳、上下转移，两者的针面均具有吸放纤维的能力。当喂入棉层较薄时，针齿间的纤维被放出一部分参加梳理；当喂入棉层较厚时，一部分纤维被储存在针齿间。通过针齿间吸放纤维的作用，可以调节输出棉条短片段的均匀度。

（2）在锡林和道夫工作区，锡林速度是道夫速度的 25 倍左右，因此道夫针面凝聚棉层时，纤维得到混合。另外，道夫只能从锡林针布上凝聚转移一部分纤维（约 20%），其余纤维仍保留在锡林针面上，并将与刺辊新喂入的纤维层均匀混合。

（3）由大压辊输出的纤维网经喇叭口汇合成条时，在同一时间输出的纤维网中的纤维，排布在棉条的不同长度位置上，进一步起到均匀混合作用。

三、实验设备、仪器和试样

梳棉机、钢卷尺、滚筒测长器、天平及本色棉卷和染色棉卷。

四、实验内容

在梳棉机上连续喂入两段等定量的两种颜色的棉卷，观察和测定含两种颜色纤维的棉条长度，分析梳棉机的混合作用；通过连续喂入单层、双层棉卷，测定输出棉条的定量变化情况，分析梳棉机的均匀作用。

1. 梳棉机的混合作用

（1）测定棉卷平均定量，并作为实验用棉卷。

（2）按实验棉卷定量折算出 20 cm 长的棉卷质量，同时称取等量的染色纤维，按棉卷宽度铺成 20 cm 长且厚度均匀的棉层。

（3）在梳棉机给棉板上，按长 40 cm 本色、20 cm 染色、20 cm 本色棉卷的顺序铺好棉卷，注意三段棉卷的接头要平齐，以防因棉卷接头不良而产生前部断头。

（4）开车后，注意大压辊处棉条颜色的变化情况，一旦出现染色纤维，就将棉条从大压辊出口处拉断，收集之后输出的全部棉条。注意机后棉卷的喂入情况，防止三段棉卷产生断裂，观察盖板花颜色变化情况。

（5）用滚筒测长器测出本色/染色混合纤维棉条、纯染色纤维棉条、本色/染色混合纤维条这三段棉条的长度。

2. 梳棉机的均匀作用

（1）在梳棉机的给棉板上按单层 100 mm、双层 200 mm、单层 100 mm 的长度顺序，铺上棉卷。

（2）开车，当双层棉卷进入喂给罗拉时，从梳棉机大压辊出口处拉断棉条，收集之后输出的棉条；当双层棉卷喂入完毕而单层棉卷再喂入时，再次拉断棉条并收集之后输出的棉条。

（3）在滚筒测长器上以 1 m 为一段，将上述输出的全部棉条分为若干段，并按先后顺序分别称重，再按序号记录各段棉条的质量。

五、作业与思考题

1. 将棉卷按本色、染色、本色的顺序喂入梳棉机，为什么会出现染色与本色混合棉条？根据梳棉机输出的染色与本色混合棉条长度，指出混合作用长度。

2. 以质量为纵坐标，长度为横坐标，绘出双层棉卷喂入后棉条质量变化曲线，并指出均匀作用长度。

实验五　精梳机分离纤维丛长度及接合长度实验

一、实验目的与要求

(1) 掌握分离罗拉运动曲线的测定方法。

(2) 熟悉分离丛长度、有效输出长度及接合长度的测定方法。

(3) 了解影响须丛长度及接合长度的各项因素，掌握工艺调整及产品质量控制的方法。

二、基础知识

精梳机的分离接合工作，是在分离罗拉、分离皮辊、钳板和顶梳的互相配合运动过程中实现的，各机件运动是否得当，直接影响棉网分离接合质量。

在精梳机的一个工作循环周期中，当精梳锡林分梳结束后，钳板将须丛逐渐移向分离罗拉钳口，由于纤维长短不齐，短纤维在梳理中被梳去一部分，所以纤维的头端不在一条直线上。先到达分离钳口的纤维先被分离罗拉握持，未被分离罗拉握持的纤维仍以钳板的速度运动。因分离罗拉的表面速度大于钳板速度，故前后纤维间产生移距变化。分离罗拉从须丛中逐次抽出的纤维，形成分离纤维丛。在一个完整的分离过程中，纤维是逐次被分离的。由于分离纤维量与未分离纤维量的比率是随时间变化的，开始分离的纤维数量少，中间分离的纤维数量较多，最后分离的纤维数量又少，因此形成中间厚、两端薄的分离纤维丛。

分离纤维须丛长度与给棉长度、纤维长度、开始分离及分离结束的定时、落棉刻度、顶梳尺度等因素有关。

接合长度一般大于纤维主体长度，以约为分离须丛长度的二分之一为好，其大小影响精梳棉条的均匀度及强力。

由于接合长度与有效输出长度之和等于分离须丛长度，为了提高精梳条的质量，一般是通过缩短须丛有效输出长度来增加精梳条的接合长度。

三、实验设备和工具

精梳机、铅笔、复写纸、直尺、描图纸、胶合板等。

四、实验内容与步骤

1. 精梳机定时的测定

(1) 观察输出棉网中纤维丛的接合情况。

(2) 用手盘动机器，观察并记录分离罗拉顺转定时、静止及倒转定时、纤维丛开始分离及分离结束定时、钳板最前位置定时、钳板开闭口定时、锡林定位等。

2. 精梳机分离罗拉位移量的测定

(1) 在分离罗拉开始倒转时，拉去某一眼棉条。

(2) 取下分离罗拉上皮辊，将长约 300 mm、宽 50 mm 的描图纸放在分离罗拉上，然后装上分离皮辊并加上压力，用一块胶合板做好记录标线。

（3）用手慢慢盘动手轮，从分离罗拉开始倒转算起，使纸条在胶合板上移动，用笔在纸上画出每隔 2 分度时的记录线。

（4）顺转结束时，取出描图纸，用直尺测定相邻记录线间的距离，并做好记录。

（5）绘制分离罗拉位移曲线。

（6）根据下式计算精梳机的有效输出长度：

$$有效输出长度＝顺转量－倒转量 \tag{3-5-1}$$

3．精梳机分离纤维丛接合参数的测定

（1）用手盘动精梳机至 5 分度。

（2）将复写纸放在分离皮辊和分离罗拉之间，使纸条尾部紧贴分离罗拉表面并穿入锡林和分离罗拉之间（复写纸后端超过后分离罗拉约 30 mm，注意不能碰到须丛头端）。

（3）用手盘动手轮，使锡林转动一个工作循环，分离一个纤维丛在复写纸上，拆除分离皮辊，取出复写纸，用直尺测定复写纸上的单个分离纤维丛长度，并做好记录。重复三次。

（4）按上述方法，再取一张复写纸，将其放在分离皮辊和分离罗拉之间，使复写纸尾端超过后分离罗拉 30 mm。

（5）手盘一个工作循环后，拆除分离皮辊，在已分离的纤维丛尾端再覆盖一张复写纸，装上分离皮辊并加压，继续手盘一个工作循环。

（6）取出复写纸上前后两个周期的接合分离纤维丛，用直尺测其接合分离丛总长度，并做好记录。重复两次。

（7）根据下式计算精梳机分离纤维丛接合长度：

$$接合长度＝2×单个分离丛长度－两个接合分离丛总长度 \tag{3-5-2}$$

五、实验结果

（1）将实验中记录的分离接合定时数据填入表 3-5-1。

表 3-5-1 精梳机定时数据

分离罗拉				纤维丛	
顺转定时	倒转定时	最前位置定时	最后位置定时	开始分离定时	结束分离定时

（2）将测定的分离罗拉运动数据填入表 3-5-2。根据测定数据，画出分离罗拉运动曲线，并计算分离罗拉的顺转长度、倒转长度及有效输出长度。

表 3-5-2 分离罗拉位移量

分度							
位移（mm）							
分度							
位移（mm）							

（3）将测定的分离丛长度及计算结果填入表 3-5-3。

表 3-5-3　精梳机分离接合参数

一个纤维丛长度（mm）	两个纤维丛长度（mm）	有效输出长度（mm）	接合长度（mm）

六、作业与思考题

1. 什么是精梳机的分离丛长度、分离工作长度、有效输出长度及接合长度？

2. 分离罗拉的顺转定时的迟早对棉网的接合质量有何影响？

3. 分离工作长度对精梳条的质量有无影响？影响如何？

实验六　牵伸过程中纤维加速点位置测定

一、实验目的与要求

（1）掌握两种测定纤维加速点位置的方法：参考线法和纱线参照法。

（2）了解牵伸过程中纤维加速点位置及分布对牵伸后须条条干的影响。

二、基础知识

在牵伸过程中，纤维处于两种运动状态，即受控状态和浮游状态。受控纤维的运动是有规律的，它会以后罗拉的速度运动（称之为慢速纤维），或者以前罗拉的速度运动（称之为快速纤维）；浮游纤维的运动取决于其周围纤维的运动状态以及控制机构（针排、皮圈、罗拉等）对它的控制。因此，各浮游纤维从慢速变为快速的加速点位置是不固定的，而且会直接影响牵伸后须条的均匀度。

由于须条中纤维性状、牵伸区内各类纤维的数量分布、须条结构、摩擦力界分布和牵伸倍数等因素都会影响须条中每根纤维的加速点位置，因此牵伸区内纤维的加速点形成一个分布，而且该分布在时间上是不稳定的，从而破坏了纤维间的正常移距，产生了移距偏差，造成牵伸后须条不匀。理论和实践表明，加速点分布愈靠近前罗拉钳口且其分布愈集中，则愈有利于牵伸后须条的均匀度。

三、实验设备、工具和试样

（1）并条机。

（2）复写纸、剪刀、镊子、直尺。

（3）须条若干。

（4）有色示踪纤维若干。

（5）有色高支纱线若干。

四、实验内容与步骤

纤维加速点的测试可以采用参考线法和纱线参照法，下面分别介绍：

1. 参考线法（见二维码3-6-1）

（1）按要求调整并记录待测牵伸区的牵伸倍数 E 及罗拉握持距 L。牵伸倍数计算公式如下：

3-6-1

$$牵伸倍数\ E = \frac{牵伸前须条线密度}{牵伸后须条线密度} \tag{3-6-1}$$

（2）根据实验要求剪取 m 根（$m \geqslant 50$）有色示踪纤维，其长度根据实验要求确定。

（3）剪取须条 N 根（$N \geqslant 5$）。

（4）取一根须条平铺在桌面上，将其先进入牵伸区的一侧称为头端，后进入牵伸区的一端称为尾端。在须条尾端绘制一条参考线，然后轻轻拨开须条，将示踪纤维按图 3-6-1（a）所示埋入须条，示踪纤维头端之间的距离相同。牵伸前示踪纤维头端至参考线的距离为 b_i。

（5）开车待设备运行稳定后，将须条头端喂入牵伸区进行牵伸，当末根示踪纤维经过牵伸区且参考线未进入牵伸区时停车，并用复写纸在须条上标记前罗拉钳口的位置，如图 3-6-1（b）所示。

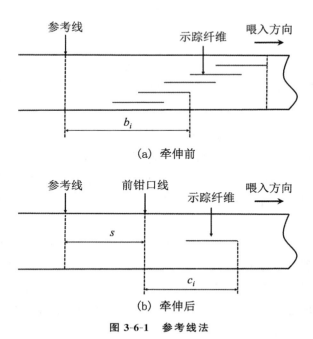

（a）牵伸前

（b）牵伸后

图 3-6-1　参考线法

（6）牵伸后，纤维头端至前钳口线的距离为 c_i，参考线与前钳口线之间的距离为 s，可根据下式计算出各根示踪纤维的加速点位置 x_i：

$$x_i = \frac{c_i - (b_i - s) \times E}{E - 1} \qquad (3\text{-}6\text{-}2)$$

2．纱线参照法（见二维码 3-6-2）

牵伸过程中，纤维越长，其浮游区长度越小，浮游纤维的加速点越集中，也越靠近前钳口。取长度略小于罗拉握持距的高支（即低线密度）纱线作为参照纱线，可近似认为其浮游长度趋向于零，即其到达前钳口位置才发生变速。通过对比多根示踪纤维在牵伸前后与参照纱线的相对位置变化，即可得出这些示踪纤维的加速点分布。

（1）按要求调整并记录待测牵伸区的牵伸倍数及罗拉握持距。

（2）根据实验要求剪取 n 根（n≥20）有色参照纱线，其长度比罗拉握持距小 1～2 mm。

（3）根据实验要求剪取 m 根（m≥50）有色示踪纤维，其长度根据实验要求确定。

（4）剪取长度在 40～50 cm 的须条 N 根（N≥5）。

（5）取一根须条平铺在桌面上，将其先进入牵伸区的一侧称为头端，后进入牵伸区的称为尾端。根据须条宽度，齐头埋放 2～5 根示踪纤维和两根参照纱线。参照纱线可埋放在示踪纤维两侧，也可与示踪纤维间隔埋放，参照纱线和示踪纤维的头端对齐，如图 3-6-2（a）所示。在埋放示踪纤维和参照纱线前，可用色笔在须条上绘制标识线，即图 3-6-2（a）中虚线，以便对齐头端。

（6）启动并条机，待设备运行稳定后，喂入须条进行牵伸，至整根须条牵伸完毕，关闭并条机。

（7）牵伸后，两根参照纱线的头端可能不平齐。连接每对参照纱线的头端，测量并记录示踪纤维至该线的距离 Δx，见图 3-6-2（b）。

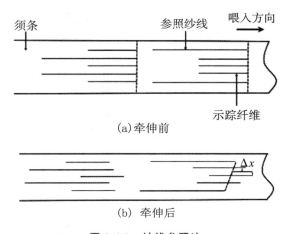

图 3-6-2　纱线参照法

（8）每根纤维加速时头端与前钳口之间的距离，即示踪纤维加速点位置 a_i，可根据下式计算：

$$a_i = \frac{\Delta x}{E-1} \tag{3-6-3}$$

五、作业与思考题

1. 测试牵伸时牵伸区内纤维加速点的分布（绘制分布曲线图），并计算移距偏差。

2. 分析影响纤维加速点分布的因素。

实验七　牵伸区内须条变细曲线测定

一、实验目的与要求

观察并测定牵伸区内须条的变细曲线，以及前、后纤维和浮游纤维的数量分布，学会应用变细曲线分析牵伸机构的工作性能。

二、基础知识

在一个牵伸区内，被牵伸须条截面内的总纤维根数由后钳口至前钳口呈逐渐减少的趋势。这个纤维数量变化曲线就是牵伸区内的纤维数量分布，又称之为变细曲线。简单罗拉牵伸区如图 3-7-1 所示，其中：$F—F'$ 表示前钳口；$B—B'$ 表示后钳口；L 为前、后钳口之间的距离（即罗拉握持距）。

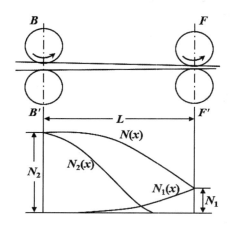

图 3-7-1　简单罗拉牵伸区内的纤维数量分布

图 3-7-1 中，$N(x)$ 表示须条各截面内总纤维数量的分布曲线，$N_1(x)$ 表示前钳口握持的纤维数量分布曲线，$N_2(x)$ 表示后钳口握持的纤维数量分布曲线。

后钳口位置线上的纤维数量 N_2 等于喂入须条截面内的平均纤维根数，前钳口位置线上的纤维数量 N_1 等于输出须条截面内的平均纤维根数，则牵伸倍数 $E = N_2/N_1$。

影响变细曲线形态的因素很多，如喂入须条的均匀度、纤维长度整齐度、纤维伸直度、牵伸倍数、罗拉握持距和牵伸装置结构等。

牵伸区内主要有三类纤维：被后罗拉钳口控制的纤维，称为后纤维；被前罗拉钳口控制的纤维，称为前纤维；未被前、后罗拉钳口控制的纤维，称为浮游纤维。浮游纤维的运动依据其在牵伸区内周围接触的纤维状态、速度、数量而变化。因此，通过实验测试变细曲线形态，分析和研究浮游纤维的运动，可以计算引导力和控制力以及确定纤维的加速点位置，从而合理设置有关的牵伸工艺参数，改善输出条的均匀度。

三、实验设备、仪器、工具和试样

（1）并条机。

（2）精度为 0.1 mg 的天平/秤、转速表、游标卡尺。

（3）剪刀、复写纸、夹子、镊子、白纸、直尺、钢梳、1 mm×1 mm 标准方格纸。

（4）纤维条若干。

四、实验内容与步骤

牵伸过程中，须条被抽长拉细，其本质是须条截面内的纤维数量发生变化。由于须条的细度（沿长度方向）无法用直径、截面面积等指标表达，习惯上采用单位长度质量（线密度）或单位质量长度（线密度的倒数）来表示。因此，可通过定长切断称重法确定须条的细度，以相同长度须条片段的质量变化表征纤维的数量变化。

1．变细曲线测定（见二维码 3-7-1）

3-7-1

（1）设定牵伸倍数。机械牵伸倍数可以通过传动图计算，也可以实际测量，其主要步骤如下：

启动并条机，待设备运行稳定，用转速表测量前、后罗拉转速，用游标卡尺测量前、后罗拉直径，前、后罗拉线速度之比就是牵伸区的机械牵伸倍数。

（2）测试罗拉握持距。待设备运转达到稳定状态，喂入单根或多根条子进行牵伸，可观察到纤维的运动和须条的变细。运行一定时间后，停车，固定喂入一侧的须条，再小心取下前、后压辊，以防牵伸区内须条位置偏移。在牵伸区纤维条上放一张复写纸，再在复写纸上放一张白纸，重新装上前、后压辊，用摇架加压。接着，沿前、后钳口位置，用剪刀剪断被牵伸须条的两端，随后卸压并取下前、后压辊，取出纤维条。此时，白纸和须条上均被标记了前、后钳口位置。用直尺测量白纸上前、后钳口之间的距离，即获得牵伸区的握持距。

（3）制备牵伸区内须条试样。如图 3-7-2 所示，根据前、后罗拉握持距，取规格为 1 mm×1 mm 的标准方格纸，沿格线分别标记前、后钳口位置，并分别与须条上的前、后钳口标记线对齐，再用方格纸将须条包裹起来，用夹子固定住纤维数量多的一端（即后罗拉钳口端）。

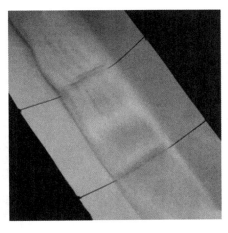

图 3-7-2　须条标记

（4）剪取、称量牵伸区内须条的质量分布。沿方格纸的格线将其剪成长度为 n mm（通常 n 取 1～5）的片段，对片段（方格纸和纤维）进行称量，然后去掉纤维，对方格纸进行称量，两次称量的差值即 n mm 纤维片段的质量。标记线两端应分别多称量一个片段，以便绘制牵伸区内完整的变细曲线。裁剪时，可在下方垫一张纸片，收集散落的纤维。将该纸片和片段一起称量，可减小纤维散落造成的误差。

（5）绘制牵伸区内纤维须条的变细曲线。以片段与前钳口或后钳口之间的距离为横坐标，以片段的质量为纵坐标，即可绘制出牵伸区内须条的实际变细曲线。

2. 牵伸区中前纤维和后纤维的数量分布

与变细曲线的测量方法基本一致，仅取样操作有所不同，具体步骤如下：

待机器运转达到稳定状态，喂入单根或多根条子进行牵伸，可观察到纤维的运动和须条的变细。停车，取下前（后）压辊，在牵伸区须条上放一张复写纸，重新装上前（后）压辊，通过摇架加压，在须条上标记钳口线。随后卸压并取下前（后）压辊，可在须条上观察到标记的前（后）钳口线。再次装上前（后）压辊，并取下后（前）压辊，通过摇架加压，用钢梳梳去牵伸区的浮游纤维，此时前（后）钳口握持的纤维就是前（后）纤维。剪断多余须条，取下压辊，用镊子将须条取出，即获得前（后）纤维。同样，用方格纸包裹纤维进行剪取和称量，最后绘制出牵伸区前（后）纤维的分布曲线。

五、作业与思考题

1. 测试不同牵伸握持距或牵伸倍数下牵伸区内的纤维变细曲线。

2. 分析牵伸握持距或牵伸倍数对纤维变细曲线的影响。

实验八　须条中纤维伸直度测定

一、实验目的与要求

（1）了解条子及粗纱工序的半制品中的纤维形态、弯钩方向及纤维伸直度的变化规律。

（2）掌握几种测定纤维伸直度的方法。

二、基础知识

由于梳理机依靠针齿对纤维进行梳理，使之形成单纤维状，同时利用两针面的作用进行纤维转移，因此纤维在生条中的形态是呈屈曲状和带弯钩状的，有前弯钩、后弯钩、两端弯钩等，其中以后弯钩居多（图3-8-1）。有些纤维虽无弯钩，但其排列方向与条子轴向倾斜，有效长度缩短，在精梳过程中必然会发生纤维损伤，落纤率增加，且落纤中长纤维增多。同时，纤维伸直度差还会造成条干不匀。因此，纤维伸直度与纺纱工艺过程的选择、牵伸工艺参数的确定以及成纱质量的关系，都很密切。

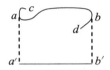

图 3-8-1　纤维的弯曲

纤维伸直度的概念应综合反映纤维的卷曲状态、纤维弯钩方向和纤维对纱条轴向的不平行度。纤维弯曲时的有效长度小于其平行伸直时的实际长度，伸直度就是表示这种差异程度的指标。故纤维伸直度 η 可用纤维在纱条轴向的投影长度占纤维实际伸直长度的百分率表示。

$$\eta = \frac{\overline{a'b'}}{\overset{\frown}{cabd}} \times 100\% = \frac{L'}{L} \times 100\% \tag{3-8-1}$$

式中：L' 为纤维在纱条轴向的投影长度；L 为纤维实际伸直长度。

由于纱条中各根纤维的长度和伸直度不相等，因此用平均伸直度 $\overline{\eta}$ 表示：

$$\overline{\eta} = \frac{\sum n_i \cdot L'_i}{\sum n_i \cdot L_i} \times 100\% = \frac{\overline{L'}}{\overline{L}} \times 100\% \tag{3-8-2}$$

式中：n 为纤维根数。

三、实验设备、仪器、工具和试样

（1）紫外线荧光灯、黑绒板。

（2）纤维中段切断器、刀片、扭力天平。

（3）稀梳、密梳、钢尺、镊子。

（4）含荧光纤维的生条、熟条和粗纱。

四、实验内容与步骤

1. 示踪法

荧光纤维的性能应与测试原料的性能相近。以测试棉纤维为例，取棉纤维 10 g，将其浸入 BSL 荧光增白剂溶液中处理 10～40 min（浴比为 1∶10～1∶20，浓度为 0.05～0.5 g/L，温度为 40～50 ℃），中途可加入 5 g/L NaCl 或 Na_2SO_4，能增强上染效果，提高色牢度。将处理后的棉纤维从溶液中取出，自然干燥，力求保持原有状态。

将少量经过 BSL 荧光增白剂处理的荧光纤维混入棉卷，经梳棉机梳理，制成含荧光纤维的生条，再将部分生条经并条机、粗纱机分别制成半熟条、熟条和粗纱。然后，先后将试样放在黑绒板上并置于紫外线荧光灯下照射，荧光材料被激发成可见光谱，试样中的荧光纤维变成晶荧状的蓝紫色发光体，使得试样中的单根荧光纤维的形态清晰可见，可直接用肉眼观察测绘。

示踪纤维可分为前弯钩、后弯钩、两端弯钩和屈曲纤维，可依次记录各类纤维的根数，计算各类纤维的百分率。如有可能，同时测出各根纤维的投影长度，计算出平均伸直度。

2. 质量法

用纤维中段切断器垂直于纱条轴向夹住纱条，先后用稀梳和密梳梳去纱条两端未被夹持的纤维，然后切下纱条被夹持后露在夹持器两侧的纤维，分别称量（注意纱条方向性）。前端纤维质量记为 G_a，后端纤维质量记为 G_b，中段夹持部分质量记为 G，并使用常规测试纤维长度的方法，求得纤维平均长度 L_g，按下式计算平均伸直度 $\overline{\eta_g}$ 和弯曲方向性系数 δ：

$$\overline{\eta_g} = \frac{G_a + G_b}{L_g \times G} \times H \times 100\%$$ (3-8-3)

式中：H 为夹持长度（mm）。

五、作业与思考题

1. 为什么增加第二道并条的牵伸倍数有利于提高纤维伸直度？
2. 牵伸对纤维的伸直有什么影响？牵伸倍数对前、后弯钩的伸直有什么影响？

实验九 牵伸罗拉与皮辊滑溜率测定

一、实验目的与要求

（1）掌握一种非接触式非电量电测方法，了解并掌握光电传感器、FFT 函数信号分析仪的应用和操作方法。

（2）加深理解某些工艺条件对皮辊（或皮圈）滑溜率、回转不匀率的影响，并找出其变化的一般规律。

二、基础知识

皮辊（或皮圈）在各种加压机构（重锤、弹簧摇架、气动、液压等）的作用下，与罗拉啮合形成钳口。罗拉的回转由齿轮传动，而皮辊则依靠下罗拉及钳口握持的须条纤维与皮辊之间的摩擦力传动。因而，在实际牵伸过程中，由于受各种工艺条件及其自身传动性质的影响，皮辊与罗拉的表面平均速度之间存在差异，即 $V_{皮辊} < V_{罗拉}$，这个差异的百分数被称为皮辊（皮圈）滑溜率。滑溜率 ε 的计算公式如下：

$$\varepsilon = \left(1 - \frac{V_{皮辊}}{V_{罗拉}}\right) \times 100\% \tag{3-9-1}$$

同样，皮辊（皮圈）自身的回转周期内也存在速度差异。它们的平均差不匀率，称之为皮辊（皮圈）的回转不匀率。

在牵伸过程中，皮辊（皮圈）滑溜率及其回转不匀率，是影响输出须条的条干均匀度和牵伸效率的重要因素。皮辊（皮圈）滑溜率导致牵伸效率降低。回转不匀率就并条机而言会降低输出须条的均匀度，导致成纱中的长片段不匀；对粗、细纱机而言，则会形成牵伸波，导致短片段不匀。

影响皮辊（皮圈）滑溜率及回转不匀率的主要因素有：加压机构的加压量、皮辊（皮圈）的表面性质与弹性、喂入须条的定量与喂入方式、加工纤维的性质及牵伸工艺参数（牵伸倍数、罗拉中心距）等。

三、实验设备、仪器和试样

（1）并条机。

（2）棉条或棉型化纤条。

（3）SZGB-11 型光电传感器。

光电传感器结构如图 3-9-1 所示。光线由光源 1 发出，经透镜 2 变为平行光束，射向半透膜 3，其中一半透射、一半反射。反射光经透镜 4 聚焦后到达被测物，由于被测物（罗拉 5、皮辊轴）表面涂有黑漆，上面贴有 5 mm×6 mm 的反光纸 6，所以被测物回转一周，反光纸将光线反光一次。反射光经透镜 4 成为平行光束并透过半透膜，经透镜 7 聚焦于光敏三极管 8 的入射窗口，则光敏三极管受光一次，输出一个脉冲电信号。

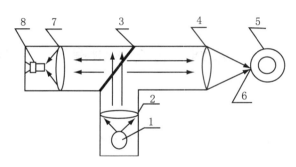

1—光源；2，4，7—透镜；3—半透膜；5—罗拉；6—反光纸；8—光敏三极管

图 3-9-1　光电传感器结构

（4）FFT 函数信号分析仪。FFT 函数信号分析仪（见图 3-9-2）主要用于时域分析、频域分析、振幅域分析、阶数比分析等。本实验运用它的时域分析瞬时记录功能来测定皮辊、罗拉的滑溜率。

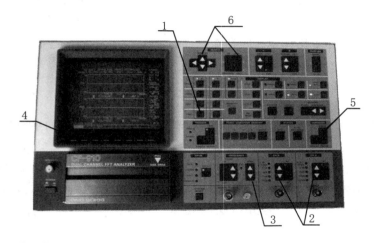

1—实时模式选择；2—衰减量程选择；3—频率量程选择；4—万能键；
5—采样控制键；6—检索标志及读数开关

图 3-9-2　FFT 函数信号分析仪面板

由光电传感器产主的脉冲电信号经放大、整形，输入 FFT 的高频输入端，再经交直梳耦合、采样保持、电路模数转换、数字滤波、平均数计算、FFT 快速傅里叶变换、窗函数处理、显示相应坐标及单位等一系列电子技术信号处理，最后在 CTR 上显示波形。具体的操作步骤如下：

①根据实验要求，按 TIME 键，选择实时模式。

②根据输入的信号幅值，按 CHA 或 CHB 键，选择量程。

③按 SPAN 键，选择合适的频宽。

④根据显示按 COND 软键，再按 FILTON 软键，设置滤波。

⑤按 START 键，开始对信号采样，显示特性曲线。

⑥采样完毕，按 STOP 键固定采样信号，并中止信号继续输入。

⑦用 MARKET 标记键，逐一读取每一个测量值。

四、实验内容和步骤

（1）确定实验方案，调整机台工艺参数。

（2）测量前罗拉、前皮辊的直径 $d_{罗拉}$、$d_{皮辊}$。

（3）根据图 3-9-3 连接各测试仪器的电源及信号线，将光电传签器的光点对准反光纸，并按上述操作步骤将 FFT 函数信号分析仪调至工作状态。

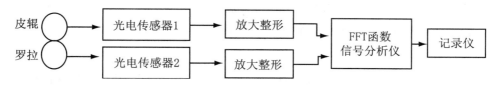

图 3-9-3　测试工作结构框图

（4）开机检查空载时信号曲线的清晰度，并调至最佳状态。

（5）按确定方案喂入条子，并开始采样，待显示的曲线完整正常后中止采样，在显示屏上读取皮辊和罗拉在同一单位时间内的回转数，方法如下：

采样信号如图 3-9-4 所示，每根竖线表示被测物回转一周，而竖线之间的距离表示一个回转周期。整个测量时间分成三段：t_1、t_2、t_3；n_1、n_2、n_3 分别表示 t_1、t_2、t_3 时间内被测物的回转数。通过移动坐标光点读取 t_1、t_2、t_3 和 n_2，则被测物在测试时间内的回转数可按下式计算：

$$n = n_1 + n_2 + n_3 = n_2 + \frac{t_1 + t_3}{t_2} \times n_2 \qquad (3\text{-}9\text{-}2)$$

读取罗拉、皮辊回转信号的数据，分别代入上式，即可算出 $n_{皮}$、$n_{罗}$。

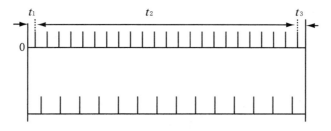

图 3-9-4　皮辊、罗拉回转脉冲信号

（6）根据下式分别计算出各组方案的皮辊与罗拉的滑溜率：

$$\varepsilon = \left(1 - \frac{d_{皮辊} \times n_{皮辊}}{d_{罗拉} \times n_{罗拉}}\right) \times 100\% \qquad (3\text{-}9\text{-}3)$$

五、作业与思考题

1. 根据实验结果，分析各工艺条件对滑溜率的影响。

2. 分析牵伸钳口滑溜率对成纱质量的影响。

实验十　牵伸力及其不匀率测定

一、实验目的与要求

（1）掌握牵伸力及其不匀率的概念和影响因素。

（2）了解牵伸力测量仪的结构原理和测定方法。

（3）掌握测定牵伸过程中须条的牵伸力及其不匀率的方法。

二、基础知识

牵伸力是指在牵伸过程中，牵伸区内以前罗拉速度运动的全部快速纤维从以后罗拉速度运动的慢速纤维中抽引出来时，受到的摩擦阻力的总和。牵伸力不是一个定值，而是时间的函数，呈波动形态，其离散程度通常用不匀率表示（平均差系数或方差系数）。

在牵伸过程中，牵伸力随着喂入纱条的条干与结构不匀而产生波动；反过来，牵伸力的波动会导致牵伸须条中的纤维运动不稳定，从而增加纺出纱的条干不匀。所以牵伸力不匀在一定程度上反映了输出条的条干不匀。影响牵伸力的因素主要有牵伸形式、牵伸倍数、罗拉隔距、喂入条干和结构（指是否经过精梳及粗纱捻系数大小等）、车速和温湿度等。

三、实验设备、仪器和试样

本实验使用称重传感器对牵伸力进行在线、实时测试，即借助称重传感器感受非电量信号，并转换成电量信号后输出和存储，从而得到测试数据。

1. 牵伸装置

并条机及其工艺参数：

（1）三罗拉牵伸装置。

（2）罗拉中心距：前区、后区均为 45 mm（可根据需要调整）。

（3）牵伸倍数：前区 5.5～15，后区 1.05～2。

2. 牵伸力测试装置设计原理

由图 3-10-1 可以看到，滑轮位置略高于条子正常运行位置。滑轮的凸起使条子的运动方向在小范围内发生变化。滑轮上方弯曲段的条子临近前罗拉，因而弯曲段条子部分的受力与前钳口输出条子的受力相同。将图 3-10-1 中弯曲段条子附近放大，并进行受力分析，如图 3-10-2 所示。

假设牵伸力 F 与水平方向的夹角为 θ、条子间张力为 T_a、滑轮对弯曲段条子的摩擦阻力为 f、滑轮重力为 G、称重传感器对条子的作用力为 T，则弯曲段条子的受力分析如下：

$$F\cos\theta = (T_a + f)\cos\theta \qquad (3\text{-}10\text{-}1)$$

$$T = (F + T_a + f)\sin\theta \qquad (3\text{-}10\text{-}2)$$

整理式（3-10-1）和式（3-10-2）可得到：

$$2F\sin\theta = T \qquad (3\text{-}10\text{-}3)$$

$T+G$ 是牵伸力测试装置的测量结果。通过实际测量发现，T 总是大于 200 cN，G 总是小于 5 cN。在并条机非运行状态下，在测量显示控制仪的操作面板上，可设置此时的显示值为零。这样，当并条机运行时，称重传感器测得的力在数值上等于 T。结合式（3-10-3）可得到应变片的应变 ε 如下：

$$\varepsilon = \frac{48L \times \sin\theta}{B \times H^2 \times E} \times F = KF \tag{3-10-4}$$

上式中 B、H、E、L、θ 均为常数。由称重传感器说明书得到 B、H、L 分别为 20 mm、22 mm、65 mm。图 3-10-2 中，滑轮上表面与前罗拉上表面的高度差 h 为 12 mm，罗拉中心距 L_F 为 48 mm，通过计算可得 $\sin\theta$，且 E 为 126 GPa。通过将这些实测数据代入式（3-10-4），得 K 为 $1.14 \times 10^{-6} \mathrm{N}^{-1}$。这说明应变片的应变和牵伸力呈线性关系，因此可以使用该装置测量牵伸力。

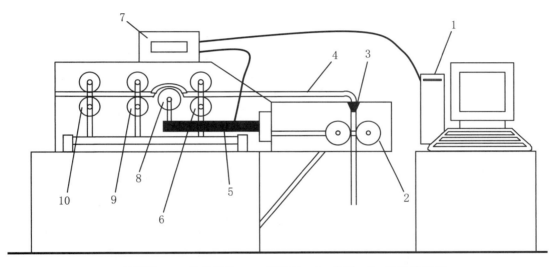

1—计算机；2—集束罗拉；3—喇叭口；4—条子；5—称重传感器；
6—前罗拉；7—测量显示控制仪；8—滑轮；9—中罗拉；10—后罗拉

图 3-10-1　牵伸力在线测试装置结构

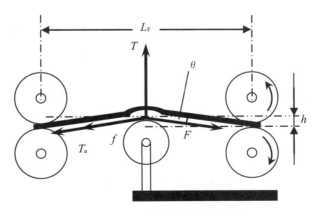

图 3-10-2　弯曲段条子受力分析

3. 传感器

牵伸力测试采用 NS-TH5 称重传感器，如图 3-10-3 所示。称重传感器的工作原理：弹性体（弹性元件，如敏感梁）在外力作用下产生弹性变形，使粘贴在其表面的电阻应变片（转换元件）也产生变形，则电阻应变片的阻值发生变化（增大或减小），再经相应的检测电路，把这一电阻变化转换为电信号（电压或电流），从而完成将外力转换为电信号的过程（见图 3-10-4）。

图 3-10-3　称重传感器实物

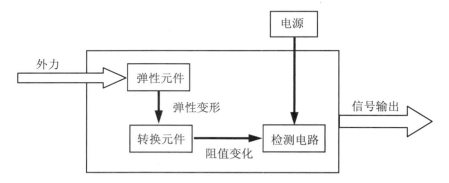

图 3-10-4　称重传感器工作原理

4. 检测电路

检测电路实现的功能是把电阻应变片的电阻变化转变为电压输出，如图 3-10-5 所示。由于本实验拟测量的力的数值在一个很小的范围内，并且工作环境相对稳定，所以传感器的动态响应和温度效应对测量结果几乎没有影响。故不考虑这两种因素对测试结果的干扰。

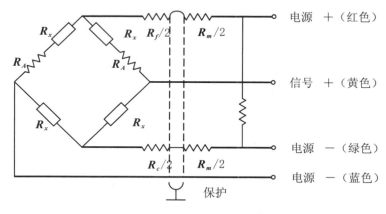

图 3-10-5　检测电路

5. 测量显示控制仪

测量显示控制仪的型号是 NS-YB05，操作界面如图 3-10-6 所示。在其面板上显示牵伸力的瞬时值，并把测试值传输到计算机的硬盘中保存，供进一步分析使用。测量显示控制仪的设定键、清零键、峰值保持键可以在小范围内调节传感器传入的数值，分别用于数据调零和数据格式调节、数据清除、峰值数据保持，在进行操作的同时，相应的指示灯会亮起，提示用户正在进行的操作。

图 3-10-7 是测量显示控制仪背面接线图。传感器输入（9VDC）：15 脚（＋，接传感器电源红线）、16 脚（－，接传感器电源黄线）；传感器输出正极：20 脚（接传感器输出绿线）；传感器输出负极：21 脚（接传感器输出蓝线）；仪表供电（AC220V）：13、14 脚；通讯线：26、27 脚为数据传输线，28 脚为保护线，此三脚与计算机串行接口相连，负责将传感器采集的数据传入计算机。

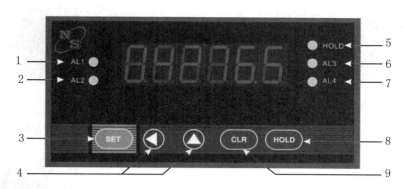

1—第一报警指示灯；2—第二报警指示灯；3—设定键；4—设定键增减值；5—峰值保持指示灯；
6—第三报警指示灯；7—第四报警指示灯；8—峰值保持键；9—清零键

图 3-10-6　测量显示控制仪操作界面

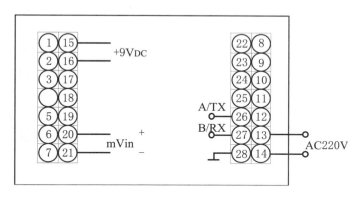

图 3-10-7　测量显示控制仪背面接线图

6. 计算机和五位仪表通讯软件

五位仪表通讯软件与测量显示控制仪配套使用，基本界面如图 3-10-8 所示。整个界面包括数据图形、数据列表、虚拟面板等及若干按钮。

在虚拟面板中，可以随时观测到牵伸力的瞬时值。虚拟面板上显示的依旧是采集数值，并非最终值，所以需要进一步处理，才可以得到最终值。

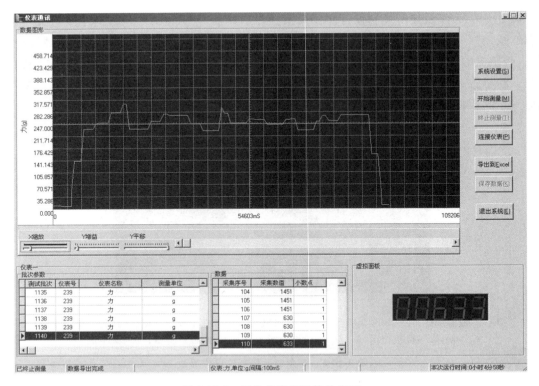

图 3-10-8　五位仪表通讯软件界面

下面逐一描述各部分作用：

（1）对五位仪表间隔数据采集，将间隔数据实时显示，绘制时间曲线，采集完成后可选择保存到数据库。曲线横坐标为时间（ms），纵坐标为力（cN）。默认设置为每隔 500 ms 测量一次牵伸力。实验中，为了保证测试结果的准确性，改为每 100 ms 测量一次牵伸力。可以通过图形下方的三个滚动条（X 缩放、Y 增益、Y 平移）来改变图形的形状。

（2）在"数据列表"的表格里面，显示所有已经测量的数据，包括批次号、仪表号、仪表测试变量的名称及单位。当双击批次号时，右侧数据表格中会显示相应的数据值，操作简单方便。数据表格有三列，分别为采集序号、采集数值、小数点，通过小数点计算最终数值。例如：采集数值 633，小数点 1，单位 gf，那么该次测量的结果为 63.3 gf，又 1 gf＝0.98 cN，则最终结果为 63.3×0.98＝62.03 cN。

（3）在系统设置模块中，有四个基本页面，分别如图 3-10-9(a)～(d)所示。在第一页面可以对软件的基本参数进行设置，包括仪表号、测量间隔、测量单位、最小量程、最大量程、延迟时间、通讯端口等。在其他三个页面可以分别对文字颜色、栅格颜色、线条颜色、标尺颜色、图形背景、X 栅格数、Y 栅格数、数据库的维护进行修改。

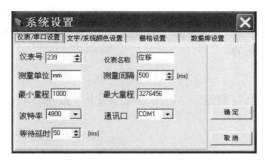
（a）仪表/串口设置界面

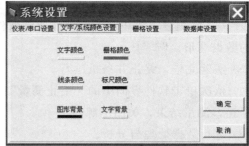
（b）文字/系统颜色设置界面

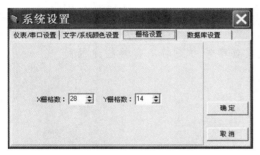
（c）栅格设置界面

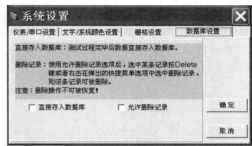
（d）数据库设置界面

图 3-10-9 系统设置模块中的不同功能界面

7．实验原料

棉条或棉型化纤条子。

3-10-1

3-10-2

四、实验内容和步骤（见二维码 3-10-1、3-10-2）

使用本装置测量牵伸力，须遵从一定的操作步骤，避免操作不当对装置各部件造成损伤。具体操作步骤如下：

（1）检查测量显示控制仪和称重传感器，将测量显示控制仪和计算机连接，如图 3-11-10 所示。

传感器　　　　　　　　　　　　仪表　　　　　　　　　　　　通讯软件

图 3-10-10 称重传感器测量系统

（2）检查并调整牵伸装置的各工艺参数，合理调节并条机工艺参数，将数根生条喂入并条机，开车运行，待稳定运行后，关闭并条机，完成并条机调试。

（3）启动计算机，运行五位仪表通讯软件，并将测量显示控制仪接通电源，然后通过软件操作，完成计算机与测量显示控制仪的连接。

（4）启动并条机，当测量显示控制仪面板上开始显示数值以后，先后单击软件上的"连接仪表""开始测量"按钮，五位仪表通讯软件开始记录牵伸力数据，并开始绘制牵伸力与时间的数据图形。

（5）实验完毕，终止并条机运行。

（6）依次单击软件界面中的"终止测量""保存数据""导出到EXCEL"按钮，将实验数据保存，测量结束，关闭电源。

（7）进行数据处理与分析。

五、作业与思考题

1. 工艺参数对牵伸力及其不匀有何影响？

2. 纤维原料对牵伸力及其不匀有何影响？

3. 牵伸力不匀与出条质量的关系如何？欲改善牵伸力不匀，有哪些途径？

实验十一 皮辊/罗拉及双皮圈钳口握持力测定

一、实验目的与要求

（1）了解在不同的加压状态下，皮辊/罗拉钳口及双皮圈钳口对须条握持力的变化规律。

（2）掌握皮辊/罗拉及双皮圈钳口握持力的测试方法。

二、基础知识

在皮辊与罗拉组成的牵伸钳口下，由皮辊上的压力引起的钳口对须条产生的摩擦力，以及在粗纱和细纱工序的双皮圈牵伸中，上、下皮圈组成的钳口对须条产生的摩擦力，均被称为握持力。

当须条在牵伸区进行牵伸时，通常要求前罗拉与皮辊组成的钳口对须条的握持力大于须条后端受到的牵伸力，这样才能保证须条在牵伸区得到正常牵伸。如果前罗拉与皮辊组成的钳口对须条的握持力小于须条受到的牵伸力，须条会在罗拉与皮辊之间打滑，出现牵伸不开（亦称其为出"硬头"）的情况，这破坏了须条的正常牵伸，以致形成断头。

皮辊/罗拉钳口对须条的握持力，不仅取决于加压的大小，而且与皮辊的软硬程度、皮辊表面摩擦系数（皮辊表面经涂料处理）、纺纱线密度、钳口内须条的截面形态等有关。

三、实验设备、仪器和试样

牵伸装置、拉力传感器、有一定强力的无弹性纱线。

四、实验内容与步骤（见二维码3-11-1）

3-11-1

由皮辊上的压力引起的钳口对须条产生的摩擦力，称为握持力。可通过测量钳口与须条间的摩擦力，对钳口的握持力进行测定。以测量后罗拉钳口的握持力为例，操作步骤如下：

（1）固定拉力传感器，防止其位置在测试期间发生变化。将纱线一端固定于拉力传感器。

（2）将纱线另一端从后罗拉钳口通过，如图3-11-1所示。注意：应避免纱线进入前罗拉钳口被其握持。

（3）开车，后罗拉与纱线做相对运动，此时拉力传感器测得的为后罗拉钳口对纱线产生的动摩擦力，即后钳口对纱线的握持力。

（4）同样地，可以测试皮圈钳口的握持力。

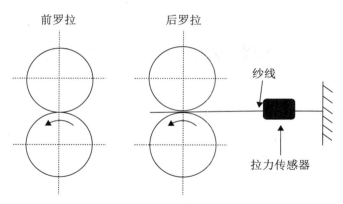

图 3-11-1　握持力测试

五、作业与思考题

1. 分析钳口握持力与皮辊加压的关系。

2. 钳口握持力对出条质量有何影响？

实验十二　牵伸区摩擦力界测定

一、实验目的与要求

（1）通过各种牵伸装置形式的对比性实验，加深对摩擦力界这一概念的理解。

（2）了解并掌握摩擦力界的动态测定方法。

二、基础知识

在牵伸区，须条受到压力和张紧作用，使纤维与牵伸部件之间、纤维与纤维之间产生摩擦力。纤维在牵伸运动时受到摩擦作用的空间，被称为摩擦力界。

摩擦力界的研究通常指沿须条纵向的摩擦力分布，可用下式表示：

$$F_M(x) = \mu_q F(x) + C_q \tag{3-12-1}$$

式中：$F_M(x)$ 为牵伸区中纵向摩擦力界强度分布曲线；μ_q 为摩擦系数；$F(x)$ 为牵伸区中须条受到的纵向压力分布曲线；C_q 为牵伸区中纤维之间的抱合力。

其中，μ_q、C_q 取决于纤维的性质和须条的结构。如喂入须条结构和纤维性质不变，则 $F_M(x)$ 与 $F(x)$ 之间呈比例关系。

影响摩擦力界分布的因素主要有摇架加压、罗拉直径、纱条定量及牵伸装置形式等。

三、实验设备和仪器

牵伸装置、薄膜压力传感器（简称"传感器"）、计算机。

四、实验内容与步骤（见二维码 3-12-1）

3-12-1

为简化起见，假设牵伸区中各处的摩擦系数相同，则摩擦力界分布可用牵伸区中须条受到的压力分布表达。牵伸区压力分布测定的操作步骤如下：

（1）将传感器的压敏部分（圆形头端）按图 3-12-1 所示埋于须条中。传感器外接计算机，进行数据采集。

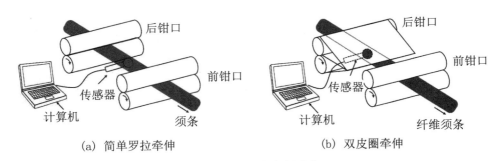

(a) 简单罗拉牵伸　　　　　　　　(b) 双皮圈牵伸

图 3-12-1　压力分布测试

（2）开车，使传感器随着纤维须条一起经过牵伸区，记录传感器感知的压力变化，即获得牵伸区内动态压力分布曲线。

五、作业与思考题

1. 绘制并实际测试不同牵伸形式下的牵伸区摩擦力界。

2. 分析影响摩擦力界的因素。

实验十三　粗纱伸长率测定

一、实验目的与要求

（1）了解粗纱卷绕加工中张力的作用。

（2）掌握粗纱伸长率的测试方法，以及粗纱张力或伸长率的调整方法。

二、基础知识

为了正常卷绕，筒管的卷绕速度应比前罗拉的输出速度稍大，使粗纱在卷绕过程中始终保持一定的张紧程度，这种张紧程度也是粗纱张力的主要来源。另外，粗纱自前罗拉输出至筒管的行程中，必须克服锭翼顶端、空心臂和压掌的摩擦力，也使粗纱承受一定的张力。

粗纱张力及其波动对粗纱乃至细纱的条干均匀度、质量不匀和断头率都有很大的影响。一定的粗纱张力在工艺上是必需的。粗纱张力太大，则易产生意外牵伸而恶化条干，甚至断头；粗纱张力太小，则会使卷绕松散，成形不良，导致搬运、储存和退绕困难；纺纱段张力过小时，还易引起粗纱飘头，甚至断头。由于粗纱的强力很低，无法直接测试其所受的张力，因此，粗纱张力一般通过粗纱的伸长率间接表示。因此，周期性地测定粗纱伸长率，调整卷绕部分的有关参数，可以保证将粗纱伸长率控制在一定范围内。每次各台测试前排、后排粗纱各两只。常规实验一般只测试大、小纱时的伸长率。

三、实验设备、仪器和工具

粗纱机、圆筒测长仪、米尺。

四、实验内容与步骤（见二维码 3-13-1）

3-13-1

粗纱伸长率分别在小纱和大纱时测试。一般而言，小纱的伸长率测试在空管卷绕第 3 层后进行，大纱的伸长率测试在满纱前 4～5 层（按规定满纱长度掌握）进行。测试期间，粗纱不能断头；如断头，应重新测试。测试步骤如下：

（1）将粗纱筒管安装在粗纱机上，启动粗纱机，将纱管缠绕到指定层数，关车。

（2）在前罗拉输出须条上涂上标记，开车，并开始记录前罗拉转数。

（3）待前罗拉转过一定转数（可实测后罗拉转数，根据牵伸倍数，得到前罗拉转数），停车，在前罗拉输出须条上再次涂上标记。

（4）开车，待标记卷绕到粗纱筒管上后，关车。

（5）取下筒管，用圆筒测长仪和米尺测量两个标记间的粗纱长度，即粗纱实际长度。

（6）按下式计算粗纱计算长度和粗纱伸长率：

$$粗纱计算长度 = 实测前罗拉转数 \times \pi \times 前罗拉直径 \tag{3-13-1}$$

$$粗纱伸长率 = \frac{粗纱实际长度 - 粗纱计算长度}{粗纱计算长度} \times 100\% \tag{3-13-2}$$

五、作业与思考题

1. 粗纱为何会伸长？前、后排粗纱的伸长率有什么差异？如何减少伸长？

2. 分析影响粗纱伸长率的因素。

3. 分析调整粗纱伸长率的主要参数。

实验十四　细纱机纺纱张力、气圈形态测定

一、实验目的与要求

（1）通过应用手提式电子张力测试仪测定纺纱张力，进一步了解纺纱张力的变化规律及其影响因素。

（2）运用闪光测速仪或高速摄影仪动态观察气圈形态的变化。

（3）熟悉仪器的使用性能及测试方法。

二、基础知识

在纱线加捻、卷绕过程中，纱线要带动钢丝圈回转，必须克服钢丝圈与钢领之间的摩擦力，以及导纱钩、钢丝圈与纱线间的摩擦力，还有气圈段纱线回转时的空气阻力等，因此纱线承受较大的纺纱张力。当纱线某截面处的强力小于作用于该处的张力时，就会发生断头。

适当的纱线张力是保证正常加捻、卷绕的必要条件。张力过大会使功率消耗、断头增加；张力过小会降低卷绕密度，影响细纱张力，甚至会因气圈膨大和钢丝圈运行不稳定而增加断头。

纱线张力可分为三段：前罗拉至导纱钩间的纱段张力为纺纱张力 T_s；导纱钩至钢丝圈间的纱段张力为气圈张力（T_0 表示气圈顶端张力，T_R 表示气圈底部张力）；钢丝圈至管纱间的纱段张力为卷绕张力 T_w。

本实验测定的是纺纱张力 T_s，目的在于了解一落纱中张力变化规律，以及在高速生产中如何稳定纺纱张力，控制其变化（包括控制气圈形态的变化），从而降低纺纱过程中的断头率。

三、实验设备、仪器和试样

（1）细纱机。

（2）闪光测速仪或高速摄影仪。

（3）手提式电子张力测试仪。

（4）细纱管若干。

手提式电子张力测试仪测试端由圆柱金属体制成，由一根中心测量棒和两个有沟槽的相对的导纱轮完成对纱线的导向。中心测量棒具有很高的张力感应效应，固定在圆柱金属体中心，实验开始时需要调整它的显示器初始值为零。纱线在中心测量棒上运动，如图 3-14-1 所示，使之受力产生微量移动，引起张力测试仪显示的值发生变化，即作为纺纱张力的变化，观察其最大值并记录。

四、实验内容与步骤（见二维码 3-14-1）

（1）选定机台的牵伸倍数、罗拉隔距、钢领直径、粗纱定量等工艺参数。

（2）准备大纱、中纱、小纱三种细纱管，并用色笔在起始位置做记号，保证始纺位置统一。

3-14-1

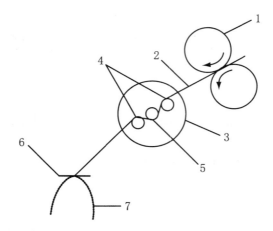

1—前罗拉；2—细纱；3—传感器；4—导纱轮；5—测量棒；6—导纱钩；7—气圈

图 3-14-1　纺纱张力测定

（3）确定实验方案，并按计划改变工艺参数，对大纱、中纱、小纱时的纺纱张力进行测试（每次测定钢领板五个升降动程），并分别记录上升、下降时的最大和最小值。

（4）通过标定，测出纺纱张力。

（5）在测试过程中，用闪光测速仪动态观察回转气圈形态的变化。当闪光测速仪的闪光频率是被测物速度的整数倍或整分数倍时，被测物被"固定"下来，即可进行动态观察其形态变化。若采用高速摄影仪，则首先要找好焦点，使高速摄影仪显示器上显示纱管和细纱的位置，然后设置拍摄速度参数（Ftp），记录并运行（Trigger），最后建立新文件夹保存（Download），回放即可获得所要的图片，从而可进行观察气圈形态变化。

五、作业与思考题

1．根据实测纺纱张力数据及所观察气圈形态的变化，分析一落纱中张力波动规律。

2．分析工艺参数对纺纱张力的影响。

3．试分析细纱断头的原因及应采取的降低断头率的措施。

实验十五　不同纱线结构观测及比较分析

一、实验目的与要求

（1）观察纱条中纤维纵向分布形态，了解各种纺纱方式的成纱机理及纱线性能。

（2）掌握一种纱线结构的分析方法。

（3）通过实验，掌握阿贝折射仪和生物显微镜的工作原理和使用方法。

二、基础知识

随着纺织工业不断发展，纺纱方法也在不断创新，除了传统的环锭纺之外，相继出现了加捻成纱原理各不相同的转杯纺、喷气纺、喷气涡流纺、摩擦纺等多种纺纱方法。

纱线结构主要反映须条经加捻后，纤维在纱线中的排列形态以及纱线的紧密度。不同的加捻成纱过程会形成不同的纱线结构，从而导致纱线物理力学性能的差异，直接影响成纱质量。纤维在纱线中的排列形态主要有圆锥形螺旋线、圆柱形螺旋线、弯钩、打圈、对折、缠绕及边缘纤维等，其所占比例随纺纱方法的不同而异。在这些形态中，螺旋线是最为理想的，这种形态在纱线结构所占比例越大，纱线的强力越高。

对纱线内部纤维的形态，不能直接观察，可以用示踪纤维法进行观察。在本色棉条中混入部分染色的涤纶纤维，然后进行纺纱，将纺好的纱做成试样并浸入与棉具有相同折射率的溶液中，让其充分湿润，棉纤维就呈透明状，而染色的涤纶纤维不受影响，可在显微镜下清晰地看到有色涤纶纤维在纱线中的形态。

三、实验设备、仪器和试样

（1）阿贝折射仪。

（2）生物显微镜。

（3）不同纺纱工艺纺制的棉纱试样纱框（环锭纱、转杯纱、喷气纱、摩擦纱），玻璃器皿。

（4）配制浸纱溶液用的 α-氯代萘溶液和石腊油。

四、实验内容和步骤（见二维码 3-15-1）

1. 配制浸纱溶液

在温度为 20 ℃时，棉纤维的平均折射率为 1.557（毛纤维为 1.550）。本实验

3-15-1

用 α-氯代萘（1.658 5）和石腊油（1.470 0）两种液体，按比例配制成所需折射率的溶液，计算公式如下：

$$\frac{V_1}{V_2} = \frac{n_2 - n}{n - n_1} \tag{3-15-1}$$

式中：V_1、V_2 分别为折射率低于及高于纤维平均折射率的溶液的体积；n_1、n_2 分别为折射

率低于及高于纤维平均折射率的溶液的折射率；n 为纤维平均折射率，它为平行折射率及垂直折射率的一半。

将初配制的溶液在阿贝折射仪上进行测定，并不断微调配比，直至与所测纤维的平均折射率相同为止。

2. 阿贝折射仪的使用

阿贝折射仪（图 3-15-1）是一种能测定半透明液体或固体折射率及透明液体平均色散的仪器，可测范围是 1.30～1.70，精度为 0.000 3。阿贝折射仪由光学和机械两部分组成，而光学系统又由望远镜系统和读数系统组成。

将棱镜表面擦干净，把待测液体均匀加到进光棱镜的磨砂面上，旋转棱镜锁紧扳手 12，要求液体均匀无气泡并充满视场。调节两反光镜 18，使两镜筒视场明亮。旋转棱镜转动手轮 2，使望远镜筒 8 转动，在望远镜系统中观察明暗分界线上下移动，同时旋转阿米西棱镜调节手轮 10，使视场中除黑、白两色外无其他颜色。当视场中无彩色且分界线在十字线中心时，观察读数镜筒 6 视场右边的指示刻度值（见图 3-15-2），即所测溶液的折射率。

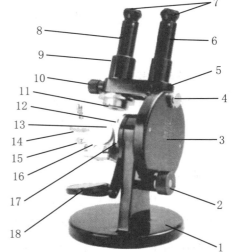

1—底座；2—棱镜转动手轮；3—圆盘组；
4—小反光镜；5—支架；6—读数镜筒；
7—目镜；8—望远镜筒；9—示值调节螺钉；
10—阿米西棱镜调节手轮；11—色散值刻度圈；
12—棱镜锁紧扳手；13—棱镜组；
14—温度计座；15—恒温器接头；
16—保护罩；17—主轴；18—反光镜

图 3-15-1 阿贝折射仪结构

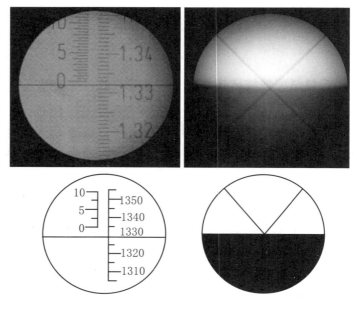

图 3-15-2 阿贝折射仪视场及读数

3．纱线试样制作

（1）用 1％质量分数的有色示踪纤维（染成黑色）在梳棉机上以约 2～3 mg 的小束，纵横向以约 10 cm 间距均匀铺在棉卷上喂入，然后进行各工序加工，直至纺成各种工艺的细纱。

（2）将纱样按一定密度均匀卷绕在纱框上，两端固定，然后剪去另一面的纱样。

（3）将纱样烘干（在烘箱内烘 1 h 左右，温度为 104 ℃）。

（4）将烘干的纱样浸没在配好的溶液中，浸渍 24 h 以上，使本色的棉纤维呈透明体。

4．观察纱线结构

将浸透的纱样放在显微镜下，观察有色示踪纤维在纱线中的纵向形态，也可以观察纱线的构造，如有否纱芯、外层包缠，或有否内紧外松等纱线结构。描述并记录观察到的示踪纤维的各种形态，也可摄影，以便进行成纱机理与成纱物理力学性能的研究。

五、作业与思考题

1．不同结构纱条中的纤维形态统计（定性）。

2．结合成纱原理，分析各种纱中的纤维形态分布。

3．根据各纱样中示踪纤维的形态分布，试分析各种纱线的物理力学性能。

第四章　虚拟仿真实验

实验一　配棉工艺过程与抓棉工艺设计

一、实验目的与要求

（1）掌握清梳联设备组合关系、设备名称、设备在清梳联系统中和其他设备的前后位置关系及功能。

（2）掌握成纱线密度和纺纱工艺流程的配置关系，采用分类排队法合理选配原料，使学生通过实验掌握配棉中对原棉指标控制的要求，理解原料选配的目标和要求，混合原料综合指标的计算方法，正确设计选择原料的排包规律，使其满足开清工程中"多包细抓，混合均匀"的工艺配置原则，并虚拟仿真排包结果。

（3）理解往复式抓棉机的作用原理与过程，了解主要抓棉工艺参数范围，根据纺纱线密度合理设计抓棉工艺参数，虚拟仿真抓棉过程，理解并掌握理论教学中"薄抓、匀抓、多包细抓、多点抓取"的工艺原则。同时，通过虚拟仿真实验，使学生了解双轴流开棉机、多仓混棉机和梳棉机主要工艺参数的设计方法，以及主要工艺参数对开棉、混棉和梳棉作用的影响。

二、基础知识

纺纱生产中，原料选配是保证产品质量稳定和加工过程稳定的根本要素。配棉时，应根据成纱质量如成纱线密度等的要求，选择相应的原料进行合理搭配、混合。各种原料的搭配应根据原料选配原则，对原棉的品级、长度、细度等指标的差异进行控制。根据各原料的性能及其配比，计算出混合原料的综合性能。

配棉工作完成后，原料进入开清棉工序进行开松、混合、除杂。开清棉工序由一系列的机台，包括往复式抓棉机、桥式吸铁装置、除重杂装置、双轴流开棉机、多仓混棉机、精细开棉机、除异性纤维机和除微尘机等，联合组成。不同的原料和不同的产品，其开清棉设备的组合也不相同。各机台的合理组合，可充分发挥各自的作用，得到更好的开松、混合与除杂的效果，为后道的梳理提供更好的基础。目前，开清棉与梳棉也通过管道联合，形成了清梳联。

抓棉机是清梳联的首台机器，其作用是抓取、开松棉包中的原棉，实现混合。因此，应合理排布棉包，使抓棉机同时抓取尽可能多的不同成分的棉包，更好地实现混合。此外，抓棉机的工艺参数设置也对开松混合有直接的影响。

　　另外，实验内容还包括清梳联机组中其他机台（主要指双轴流开棉机、多仓混棉机和梳理机）的工艺参数设计，以便学生了解这些工艺参数对原棉开松、混合、梳理和除杂等作用的影响。

三、实验内容

　　搜索国家虚拟仿真实验教学项目共享平台实验空间，或直接打开实验空间的链接网址 http://www.ilab-x.com。

　　进入平台首页，点击"注册"进入注册页面，根据提示完成用户注册。实验空间界面如图 4-1-1 所示。

图 4-1-1　实验空间界

　　搜索"配棉工艺过程与抓棉工艺虚拟仿真实验"，点击"实验预览"按钮，进入实验，点击"我要做实验"按钮。配棉工艺过程与抓棉工艺虚拟仿真实验界面如图 4-1-2 所示。

图 4-1-2　配棉工艺过程与抓棉工艺虚拟仿真实验界面

　　进入"配棉工艺过程与抓棉工艺虚拟仿真实验"项目，选择"在线项目 1"中的"开始学习"按钮，弹出会话框，点击"开始实验"按钮，待缓冲加载完成，进入实验。浏览相关信息，熟悉实验的操作方法，点击"确定"按钮。实验加载界面如图 4-1-3 所示。

　　实验内容分为四个模块，包括"安全操作"模块、"抓棉与配棉"模块、"设备认知"模块、"参数设计"模块，可依次进行实验。

1. "安全操作" 模块

点击 "安全操作" 按钮,出现下拉菜单 "服装安全" 和 "厂区安全",根据提示和常识完成安全选项。

图 4-1-3　实验加载界面

2. "抓棉与配棉" 模块

完成 "安全操作" 模块后,根据提示,通过键盘上的控制键寻找棉包图标,找到后点击,进入 "配棉方案设计、配棉计算和棉包排布" 界面。点击 "配棉方案" 按钮,选择 "纱线线密度",然后根据选择的纱线线密度设计 "纺纱工艺流程",并进行原料选配。实验设计选择 "五队" 原料,各原料成分品级差异小于等于 2,长度差异小于等于 4 mm,细度差异小于等于 800 公支。按照设计原则,完成原料选配后,点击 "确定" 按钮。配棉方案设计如图 4-1-4 所示。

▶ 配棉方案(原棉品级选择)

选择需要纺纱的线密度,并根据选择的纱线线密度设计纺纱工艺,并选择其对应的工艺流程,同时进行原料选配,原料需要选择5种。

原棉品级	原棉长度(mm)	原棉细度(公制支数)	成熟度	原棉含杂率(%)	产地	选择
1	35	7200	1.79	1.5	新疆	○
1	35	7150	1.78	1.5	新疆	○
1	33	7050	1.77	1.8	兆丰	○
1	33	6500	1.76	1.7	新疆	◉
1	31	6450	1.75	1.8	山东	◉
2	31	6400	1.73	1.8	山东	◉
2	31	6350	1.72	1.7	锦丰	◉
2	31	6300	1.71	1.5	锦丰	◉
2	29	6250	1.70	1.6	河南	○
2	29	6250	1.69	2.2	河北	○
3	29	6200	1.68	1.6	陕西	○

纱线线密度(tex): ○ 11　◉ 13　○ 21　○ 32

工艺流程选择:精梳工艺流程

已选择: 5/5

图 4-1-4　配棉方案设计

(1) 点击 "配棉计算" 按钮,系统会根据选择自动形成配棉方案,在此基础上进行 "选配原料比例的设计" 和 "各成分原料配包数量" 的计算。设计原则为实验原料总包数 40,每个成分的混比小于等于 25%,并利用 "加权平均法" 计算混合原料各指标的平均值。完成后点击"确定"按钮。配棉混比设计如图 4-1-5 所示。

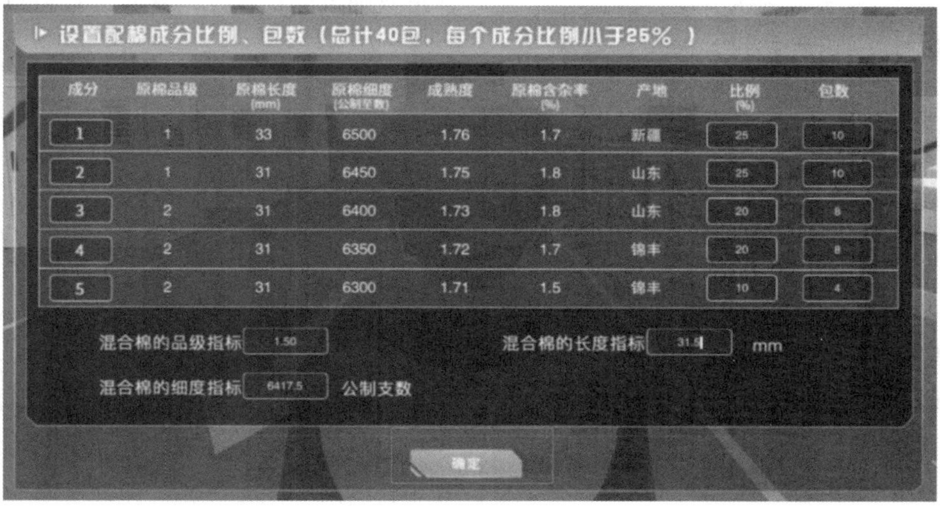

图 4-1-5　配棉混比设计

（2）点击"排包图设计"按钮，系统弹出配棉方案排包图设计框，在这个设计框内，设计排包规律。注意，需要用数字"1、2、3、4、5"分别作为选配的每种原料成分的代号，每个数字出现的频数为每个原料成分的配棉包数。排列时，应尽量满足往复式抓棉机"多包细抓，均匀混合"的工艺原则。完成后，点击"确定"按钮。排包方案设计参考如图 4-1-6 所示。

图 4-1-6　排包方案设计参考

3. "设备认知"模块

完成上一步骤，即进入本模块。设备顺序依次为"往复式抓棉机""火星探除器""重力除杂器""双轴流开棉机""多仓混棉机""精细开棉机""异纤清除机器""异性纤维处理装置""除微尘机""梳棉机"等，需要输入正确的设备名称信息，点击"确定"按钮，然后在弹窗内点击"向右"的箭头，继续回答，直到完成所有设备认知问题的回答。

4. "参数设计"模块

完成"设备认知"模块后，点击"确定"按钮，进入设备"参数设计"模块。通过操作键盘上的"A、S、D、W"控制键上下左右移动，按照"绿色光标"指引，寻找"抓棉机"控制箱，找到后点击控制箱上的"红色按钮"，弹出抓棉机工艺参数设计窗口，完成设计后点击"抓棉机"开机按钮，虚拟仿真抓棉机的运行状态。

（1）通过操作键盘上的"A、S、D、W"控制键上下左右移动，按照"绿色光标"指引，寻找"双轴流开棉机"，找到后点击左键，弹出双轴流开棉机工艺参数设计窗口，完成设计后点击"确定"按钮，进入下一步。

（2）通过操作键盘上的"A、S、D、W"控制键上下左右移动，按照"绿色光标"指引，寻找"多仓混棉机"，找到后点击左键，弹出多仓混棉机工艺参数设计窗口，设计完成后点击"确定"按钮，进入下一步。

（3）通过操作键盘上的"A、S、D、W"控制键上下左右移动，按照"绿色光标"指引，寻找"梳棉机"，找到后点击左键，弹出梳棉机工艺参数设计窗口，完成设计后点击"确定"按钮，完成整个配棉工艺过程与抓棉工艺设计虚拟仿真实验。

四、思考题

1. 从原料选配、工艺流程及纱线质量等方面，分析普梳纺纱系统和精梳纺纱系统有何不同。

2. 从原料握持的角度，分析双轴流开棉机的开松方式和开松特点，并判断双轴流开棉机一般应该在开松的初始阶段还是开松的后期使用。

实验二　并条工艺实验

一、实验目的与要求

（1）熟悉并条机机构组成及各主要部件的作用，掌握并条机的工艺过程。

（2）掌握并条机在并条车间的布置方式。

（3）掌握弯钩纤维的伸直平行过程。

（4）熟悉并条机的传动系统及主要牵伸变换齿轮的位置和作用。

（5）了解调整牵伸变换齿轮的方法。

二、基础知识

并条的任务是利用多根条子的并合，使条子的粗细更为均匀，并实现纤维间的相互混合。同时，并条还要将并合后的条子进一步牵伸，使条子的线密度显著降低，提高纤维伸直度和平行度。

并条机由喂入、牵伸和成形卷绕三个部分组成。并条机机后导条架的左右两侧各放 5～8 个条筒，排成两行或者四行。从喂入条筒引出的条子，经过导条板和导条罗拉及导条柱，在导条台上列向前输送，进入牵伸装置。牵伸后的纤维网经集束器初步收拢，由集束罗拉输出，进入导条管，再经喇叭头凝聚成纤维条。纤维条被紧压罗拉压紧，再通过圈条器有规律地圈放在机前的输出条筒内。并条机一般每台两眼。每个喇叭头输出单元称为一眼。

在生产中，生条一般需要通过两道或三道并条机并合、牵伸，根据其先后顺序，依次称为头并、二并、三并，制成的条子分别称为半熟条和熟条。合理布置每道工序的条桶，将前道工序生产出来的条子"交叉并合、轻重搭配"，可达到降低熟条的质量不匀与质量偏差的目的。

牵伸对弯钩纤维尤其是后弯钩纤维的伸直有利。随着牵伸倍数增大，后弯钩纤维的伸直效果提高；前弯钩纤维只有在牵伸倍数较小时有一定的伸直效果。过大的牵伸倍数，反而无法伸直前弯钩纤维。

并条的主要工艺参数是并合数、条子定量、牵伸倍数、牵伸隔距等。并合根数通常为8，条混时根据配条需要常取 5～8。总牵伸倍数一般接近于并合根数。头道、二道间的牵伸倍数分配有两种：一种方法是倒牵伸，即头道牵伸倍数大于二道，有利于熟条的条干均匀度；另一种方法是顺牵伸，即头道牵伸倍数小于二道，有利于后弯钩纤维的伸直，从而改善纤维的伸直平行度，提高成纱强力。一般而言，头道并条机的后区牵伸在 1.6～2.1 倍，二并后区牵伸倍数在 1.2～1.5（有些机器在 1.02～1.30）。

牵伸倍数的调整通过传动系统的齿轮变换实现，也有直接通过面板控制电机转速进行调整的。棉条定量允许有一定的偏差范围，超出范围时，要通过牵伸倍数（一般更换轻重牙与冠牙）进行调整。

牵伸隔距根据纤维品质长度 L_p 确定，压力棒牵伸中，后牵伸区的罗拉握持距为 $L_p +$

$(11\sim14)$mm，前区为 $L_p+(6\sim10)$mm。握持距愈小，则条干不匀率愈小。根据纤维性能、条子定量等合理选择牵伸隔距，可改善成条质量，降低条干不匀率。

三、实验内容

登录国家虚拟仿真实验教学课程共享平台 www.ilab-x.com，搜索本实验，或直接进入实验网址：https://www.ilab-x.com/details/page? id=11399&isView=true。注册登录后，显示图 4-2-1 所示界面。

图 4-2-1　系统登录首页界面

本实验内容包括并条机的机构组成及其作用、并条机在车间里的布置方式、牵伸中弯钩纤维的伸直平行、并条机的传动系统及工艺设计、棉条定量调整等五部分。

1. 并条机的机构组成（图 4-2-2）及其作用

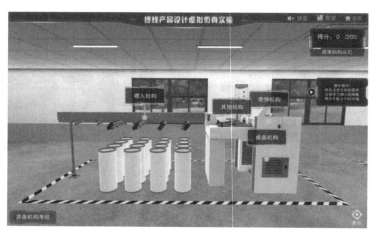

图 4-2-2　并条机的机构组成

（1）观察 FA320 型并条机的主要机构组成并说明其作用。

①喂入机构：喂入条筒、给棉罗拉、导条柱、导条支架。

②牵伸机构：罗拉、胶辊、压力棒、加压机构等。

③成条机构：集束器、喇叭头、棉条桶、压辊、圈条器等。

④其他机构：自调匀整机构、断头自停装置等。

（2）绘制工艺过程简图。

2. 并条机在车间里的布置方式（图 4-2-3）

图 4-2-3　并条机在车间里的布置

3. 弯钩纤维的伸直平行

输入纤维长度、牵伸倍数、握持距、纤维伸直度等参数，并选择前弯钩纤维和后弯钩纤维，观察纤维伸直平行过程（图 4-2-4）。

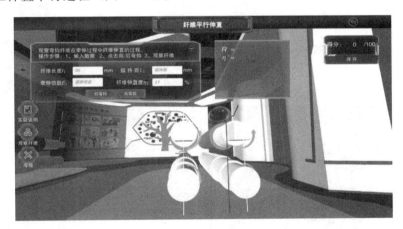

图 4-2-4　弯钩纤维的伸直平行过程

4. 并条机的传动系统及工艺设计

（1）了解传动系统的构成（图 4-2-5）。

（2）掌握牵伸变换齿轮的位置及其作用。

①FA320 型并条机的传动系统及在机牵伸变换齿轮。

②总牵伸倍数及变换齿轮：A、B、TDC、FC。

③主区牵伸倍数及变换齿轮：E、F、G、H。

④后区牵伸倍数。

⑤张力牵伸（压辊与前罗拉间）及变换齿轮：S、R。

⑥张力牵伸倍数。

（3）牵伸齿轮配置方法及工艺设计。根据工艺方案中设定的牵伸倍数，并选择牵伸变换齿轮。

①确定张力牵伸，配置变换齿轮。

②设定总牵伸倍数，配置变换齿轮。

③预设后区牵伸倍数。

④计算并调整主牵伸倍数，配置变换齿轮。

⑤计算后区牵伸倍数。

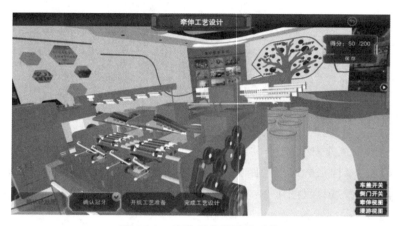

图 4-2-5　牵伸部分的传动系统

5．棉条定量调整

若棉条质量偏差超出±1%，需要调整牵伸变换齿轮，并分析调整方法（图 4-2-6）。

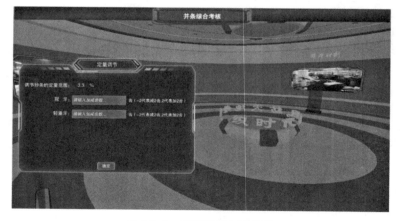

图 4-2-6　调整牵伸变换齿轮

四、思考题

1．按比例绘制并条机的牵伸机构，并说明各主要部件的作用。

2．分析并条机后区牵伸倍数对下机棉条均匀度的影响。

3．说明调整牵伸变换齿轮的方法。

实验三 翼锭粗纱机机构与工艺分析

一、实验目的与要求

（1）强化实际生产中翼锭粗纱机机构及各机构的工作原理等相关知识的理解。

（2）能够根据所学基础知识，对粗纱工艺参数进行设计及调整。

（3）能够对粗纱半制品质量进行检验，掌握各参数对纱线质量的影响。

二、基础知识

由末并条（熟条）直接纺成细纱，需 120 倍以上的牵伸，而常规细纱机的牵伸能力为 30～50 倍，为此在细纱工序前，要通过粗纱工序将熟条牵伸至一定程度，以减轻细纱机负担。由此可见，粗纱机的主要任务如下：

（1）牵伸。施加 5～12 倍的牵伸，将熟条均匀地拉长拉细，进一步分解纤维和改善纤维的平行伸直度。

（2）加捻。在牵伸的同时，给须条加上适当的捻度，以防止粗纱卷绕和退绕时产生意外牵伸（恶化条干）或断裂。

（3）卷绕成形。卷绕成两端呈锥形、中间为圆柱形的卷装，以适应细纱机上的喂入操作。

影响粗纱质量的主要参数有牵伸倍数、罗拉隔距、捻系数等，生产中应遵循"轻定量、大隔距、大捻度、小张力、小后区牵伸"的工艺原则。粗纱牵伸常用 5～10 倍，不宜过高，以改善条干。后区牵伸一般为 1.12～1.48 倍，偏小为宜。罗拉握持距根据纤维的品质长度 L_p 确定，常取 L_p＋（12～16）mm。捻系数根据所纺品种、纤维长度、粗纱定量、温湿度、细纱后区工艺、粗纱断头等多种因素合理选择。粗纱捻系数一般偏大掌握（有利于改善细纱质量和降低粗纱断头，但粗纱产量下降）。

三、实验内容

注册登录国家虚拟仿真实验教学课程共享平台 www.ilab-x.com，搜索本实验，或登录 http://xnfz.qdu.edu.cn/virexp/ydcsj，进入"翼锭粗纱机机构与工艺分析虚拟仿真实验"界面（图 4-3-1）。

图 4-3-1 实验加载初始界面

实验主菜单界面包括结构展示、原理展示、工艺调整三个模块（图4-3-2）。实验者可按照需要，依次点击不同的模块图标，进入不同的实验场景。

图 4-3-2　实验主菜单界面

1. 结构展示

本模块展示翼锭粗纱机各机构的结构，并介绍其工艺作用，选择各机构按钮（粗纱机、喂入机构、牵伸机构、加捻部件、卷绕成形、其他机构）可进行学习（图4-3-3）。

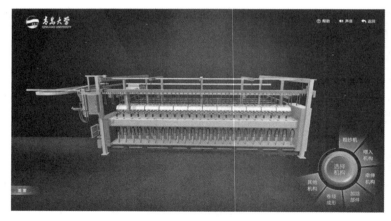

图 4-3-3　结构展示菜单

2. 原理展示

本模块对翼锭粗纱机各机构的工作原理进行讲解演示。选择各原理按钮（电机传动、卷绕成形、卷绕条件、牵伸形式、自动落纱、自动换管、变速机构、真捻原理、假捻原理等）即可进行学习（图4-3-4）。

3. 工艺调整

本模块分为训练模式和考核模式，选择不同的模式，进行相应的实验操作（图4-3-5）。

图 4-3-4 原理展示菜单

图 4-3-5 工艺调整菜单

（1）训练模式。可选择不同的虚拟棉条（纯棉、T/R60/40、纯黏胶纤维）作为原料进行实验。

①根据粗纱产品要求，设定捻系数、计算粗纱捻度、前罗拉转速、机械牵伸倍数、后罗拉转速等工艺参数，分别如图 4-3-6~图 4-3-10 所示。

图 4-3-6　熟条纤维原料选择

图 4-3-7　粗纱捻系数设计

图 4-3-8　粗纱捻度和前罗拉速度计算

图 4-3-9　机械牵伸倍数计算

图 4-3-10　后罗拉转速计算

②根据棉条品种，调整前区罗拉中心距，设定好参数后进行工艺生产，如图 4-3-11、图 4-3-12 所示。

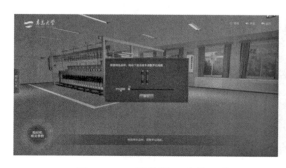

图 4-3-11　罗拉隔距设计调节

图 4-3-12　上机试纺场景

③对试纺的粗纱进行质量检测（粗纱质量不匀率），如图 4-3-13～图 4-3-17 所示。

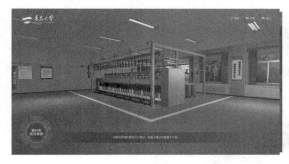

图 4-3-13　不同机位选取 20 只粗纱

图 4-3-14　粗纱喂入测长器画面

图 4-3-15　粗纱定长测试画面

图 4-3-16　粗纱称重测试画面

图 4-3-17　粗纱质量不匀计算

（2）考核模式。此模式下，可进行实验工艺设计考核及相应的实验操作（图 4-3-18、图 4-3-19）。

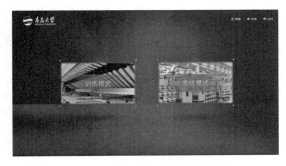

图 4-3-18　选择考核模式进行考核

图 4-3-19　工艺考核模式初始界面

考核模式下，实验操作结束即弹出试题进行考核（图 4-3-20），系统自动评判成绩并提交至后台记录。

图 4-3-20　考核界面

考核模式下，答题完成后点击实验报告按钮，填写实验报告（图 4-3-21、图 4-3-22）。

图 4-3-21　实验报告填写操作

图 4-3-22　实验报告填写界面

实验报告填写完成后点击"提交"按钮，系统自动评判成绩并提交至后台记录。

四、思考题

1. 粗纱牵伸中，牵伸隔距和牵伸倍数对粗纱均匀度有何影响？

2. 粗纱中，捻系数选择应考虑哪些因素？

实验四　环锭纺细纱工艺设计与质量评定

一、实验目的与要求

（1）培养学生形成安全防护意识、工程伦理意识和纺织工匠精神。

（2）掌握环锭纺细纱机机械结构及其工作原理知识。

（3）掌握环锭纺细纱工艺设计原理、上机操作和质量评定方法。

（4）了解环锭纺细纱工艺参数对纱线质量的影响。

二、基础知识

细纱是纺纱生产的最后一道工序。细纱工序的目的是将粗纱加工成一定具有线密度且符合质量标准或用户要求的细纱。为此，细纱工序要完成以下任务：

（1）牵伸。将粗纱均匀地抽长拉细到所需要的线密度。

（2）加捻。给牵伸后的须条加上适当的捻度，赋予成纱一定的强度、弹性和光泽等物理力学性能。

（3）卷绕成形。将细纱按一定要求卷绕成形，便于运输、贮存和后道加工。

环锭纺是一种传统的，也是目前主要采用的细纱制备方法。它是先将粗纱经过罗拉牵伸至规定细度的须条，然后利用钢领、钢丝圈和锭子等实现须条的加捻、成纱。目前，环锭纺纱的新技术还有赛络纺、集聚纺等。除了纺制常规的纱线，环锭纺还可以纺制包芯纱、竹节纱等花式纱。

环锭细纱的工艺参数设计，包括牵伸倍数、牵伸分配、罗拉隔距或中心距、隔距块、捻系数、钢丝圈号数等参数的设计和计算。

细纱的质量评定指标包括纱的线密度及其不匀、断裂强度及其不匀、毛羽、条干均匀度等，并运用纺织行业标准进行纱线等级评定和分析解决质量问题。

环锭细纱的条干不匀主要受到后区牵伸倍数、牵伸隔距、钳口隔距等工艺参数的影响，纱的强度和毛羽主要受到捻系数等的影响。

三、实验内容

登录实验空间 https://www.ilab-x.com/并注册，搜索"纺纱工艺设计与纱线质量评定虚拟仿真实验"，点击对应按钮，显示图 4-4-1 所示的初始界面，点击"开始实验"，进入实验界面，包含细纱基础认知、细纱工艺设计与上机、细纱质量分析与工艺探究三个模块，依次进行实验。

1. 细纱基础认知

登录系统后，选择进入"细纱基础认知"模块。

（1）点击安全注意事项内容菜单，系统弹出环锭纺纱的安全防护、安全操作和纺织工程伦理等相关知识，如图 4-4-2 所示。

图 4-4-1　初始界面

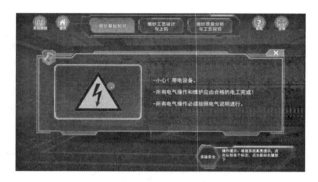

图 4-4-2　安全注意事项

（2）点击环锭纺纱机的机械机构菜单，系统即展示环锭纺纱机的机械结构介绍，可以学习环锭纺纱机的结构、元件功能和作用及其工作原理，如图 4-4-3 所示。可利用键盘上的 W、S、A、D 键（前、后、左、右）在场景中漫游，可按住鼠标左键拖动转换视角方向，滑动滚轮缩放视野，可点击设备进行局部查看。

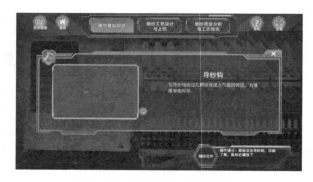

图 4-4-3　环锭纺纱机元件认知

（3）环锭纺纱机纺纱原理。观察学习环锭纺纱机的喂入、牵伸、加捻及卷绕成形等原理，并学习各原理在普通环锭纺纱、赛络纺、紧密纺、包芯纱及竹节纱等纺纱方式中的异同，如图 4-4-4 所示，为细纱工艺设计与上机、质量分析与工艺探究提供知识储备和理论基础。

图 4-4-4 环锭纺纱机机构原理

2. 细纱工艺设计与上机

完成上述模块后，点击进入"细纱工艺设计与上机"模块，可领取纺纱任务并选择纺纱机构。

（1）在普通环锭纺纱、集聚纺、赛络纺等五种纺纱方式中随机抽取任务，如图 4-4-5 所示，正确辨识并选择适用的纺纱机构。

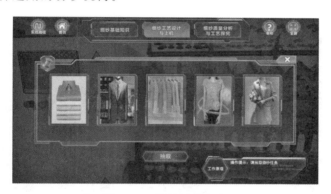

图 4-4-5 抽取纺纱任务

（2）根据纺纱任务，设计工艺参数。根据抽取的任务要求，自主完成牵伸倍数、捻系数、罗拉中心距、皮辊加压等纺纱工艺参数的设计，掌握环锭纺纱工序工艺参数的设计要点，如图 4-4-6 所示。

图 4-4-6 设计工艺参数

（3）根据工艺单，调整上机参数。按照设计的纺纱工艺参数，模拟完成罗拉中心距、皮辊加压等参数的上机调整，掌握环锭纺纱工序上机参数的调整方法及注意事项，如图4-4-7所示。

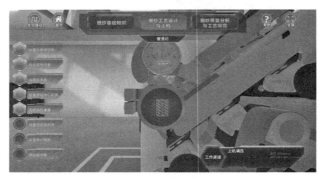

图 4-4-7　调整皮辊压力

（4）在线上机试纺，若出现故障，正确处置。上机工艺参数调整完毕并确认无误后，开车试纺。纺纱过程中，正确处置环锭纺细纱机的常见故障，如图4-4-8所示，掌握常见故障排除方法。

图 4-4-8　皮辊绕花故障处理

（5）测试纱线性能，进行等级评定。分别点击纱线线密度、纱线强度和纱线条干不匀率等按钮，测试纱线性能，如图4-4-9所示，对照标准判定所纺纱线的质量等级，学会对纱线各项性能的测试及等级评定。

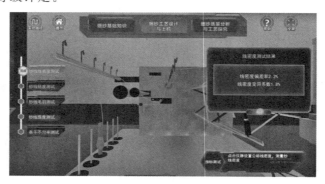

图 4-4-9　上机试纺后测试纱线线密度

3. 细纱质量分析与工艺探究

完成上述模块后，点击进入"细纱质量分析与工艺探究"模块。

（1）探究总牵伸倍数与单纱线密度的关系。设置一定组数的总牵伸倍数，根据系统输出的单纱百米质量（图4-4-10），计算实际纱线线密度，生成总牵伸倍数－单纱线密度曲线，计算牵伸效率，探究总牵伸倍数对纱线线密度的影响规律。

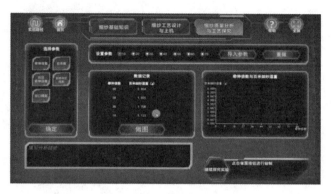

图 4-4-10 总牵伸倍数与单纱线密度的关系探究

（2）探究捻系数对单纱强度的影响规律。点击设置一定组数的捻系数，根据系统输出的单纱断裂强度，生成捻系数－单纱断裂强度曲线，探究捻系数对单纱强度的影响规律，找到优化后的捻系数（图4-4-11）。

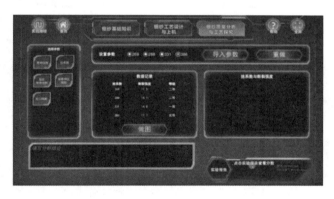

图 4-4-11 优化捻系数

（3）探究后区牵伸倍数与纱线条干均匀度的关系。点击设置一定组数的后区牵伸倍数，根据系统输出的纱线条干均匀度（图4-4-12），生成后区牵伸倍数－纱线条干均匀度曲线，探究后区牵伸倍数对纱线条干均匀度的影响规律，找到优化后的后区牵伸倍数。

（4）探究上下销钳口隔距对纱线条干均匀度的影响。如图4-4-13所示，探究上下销钳口隔距对纱线条干均匀度的影响规律，找到优化后的上下销钳口隔距。

（5）探究前牵伸区隔距与纱线条干均匀度的关系。如图4-4-14所示，探究前牵伸区隔距对纱线条干均匀度的影响规律，找到优化后的前牵伸区隔距。

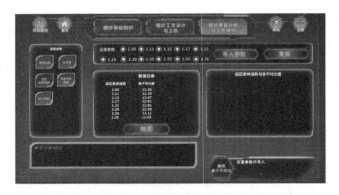

图 4-4-12　后区牵伸倍数与纱线条干均匀度的关系

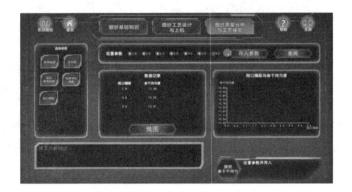

图 4-4-13　上下销钳口隔距对纱线条干均匀度的影响

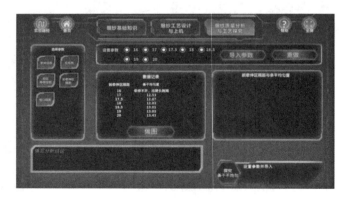

图 4-4-14　前牵伸区隔距与纱线条干均匀度的关系

4．实验总结

最后，学生根据实验内容，总结细纱工艺参数对纱线质量的影响因素，撰写实验心得体会，提交最终实验报告，如图 4-4-15 所示。

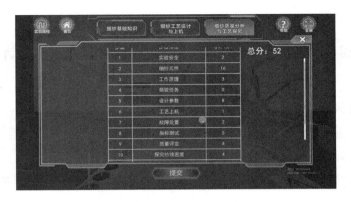

图 4-4-15　提交实验报告

四、思考题

1. 影响纱线条干均匀度的工艺参数有哪些？

2. 捻系数对细纱强力的影响有什么规律？

3. 评定细纱等级的指标有哪些？

实验五 全自动转杯纺纱机及其工艺设计

一、实验目的与要求

（1）了解全自动转杯纺纱机的组成机构和主要部件。

（2）直观理解转杯纺纱机的工作原理和自动化技术。

（3）掌握全自动转杯纺纱的工艺设计、纺纱专件的选用、自动接头参数的设置。

二、基础知识

转杯纺纱工艺过程：条子由给棉罗拉和给棉板喂入，然后被分梳辊分梳成单纤维状态，随着气流，经纤维通道进入高速旋转的纺杯，在离心力的作用下，被聚集到凝聚槽内，形成须条。进入纺杯的引纱尾端在离心力的作用下紧贴附于凝聚槽内将凝聚的须条引出，被施加一定的捻度成纱，纱线经阻捻头、假捻器，之后由卷绕装置卷绕成筒纱。

根据纺纱原料和纱线要求，设计合适的工艺参数，选择合理的纺纱专件。主要工艺参数包括喂入条子支数、纱线支数、牵伸倍数、捻度、纺杯转速、分梳辊转速、引纱张力等。主要的纺纱专件包括纺杯、分梳辊、阻捻头、假捻器等。工艺参数和纺纱专件不合理，都会影响纺纱过程的稳定性和成纱质量，具体体现在以下几个方面：

（1）纱线的均匀性。转杯纺纱过程中，如果工艺参数如纺杯转速、分梳辊转速和喂入条子定量设置不当，可能会导致纱线条干不匀，影响纱线的外观和内在质量。

（2）纱线的强度。纺纱捻度的选择对纱线的强度有显著影响。捻度过大或过小，都会降低纱线强度。过大的捻度可能会导致纱线过于紧密，影响其弹性和手感；而过小的捻度则可能导致纱线松散，容易断裂。

（3）纱线的外观质量。纺纱专件如分梳辊、阻捻头、纺杯、假捻器等，对纱线的外观质量有直接影响。纺纱专件设计不合理可能导致纱线表面产生毛羽、棉结等缺陷，影响织物的平整度和染色效果。

（4）纱线的稳定性。工艺参数搭配不合理，如纺杯转速与分梳辊转速之间不协调，可能会导致纱线质量波动，影响后续加工的稳定性和生产效率。

（5）生产效率和成本。不合理的工艺参数可能导致生产效率降低，增加能耗和原料消耗，从而提高生产成本。

三、实验内容

注册登录国家虚拟仿真实验教学课程共享平台 www.ilab-x.com，搜索本实验，或直接登录 https://biotech.dhu.edu.cn/virexp/share/report/!createNew?virtualExperimentId＝2c9180cf758be80b01758bf2a1d40031，进入实验界面，如图 4-5-1 所示。

本实验内容包含设备介绍、机构及原理、工艺与操做练习、自测考核等四个模块，可依次进行实验。

1. 点击实验主界面中的"设备介绍"，对全自动转杯纺纱机有个整体的认知，了解其先进的性能和特征。

2. 点击实验主界面中的"机构及原理",进入机构及原理学习模块。

（1）通过界面左侧显示的机构板块的对话框，学习设备的机构组成；了解设备分机头、机身、机尾、DCU 小车四个部分，如图 4-5-2 所示。

图 4-5-1　实验登录界

图 4-5-2　机构、原理界面

（2）点击"纺纱单锭"，依次点击左侧各元件的名称，学习纺纱单锭的组成元件及各元件功能，如图 4-5-3 所示。

图 4-5-3　纺纱单锭

（3）点击"喂入与分梳"，学习转杯纺过程中条子喂入与分梳的工作原理，如图 4-5-4 所示。点击"喇叭口""给棉罗拉与给棉板""分梳辊"，了解其形态、位置及功能。

图 4-5-4　喂入与分梳

（4）点击"集聚加捻与成纱"，学习转杯纺纱过程中纤维进入纺杯被集聚、加捻成纱的工作原理，如图 4-5-5 所示。点击"纺杯""假捻器""阻捻头等"，详细了解其特征、所处位置及功能。

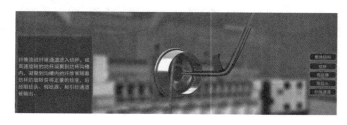

图 4-5-5　集聚加捻与成纱

（5）点击"自动接头"，观察学习全自动转杯纺纱机的生产过程中的自动接头技术，如图 4-5-6 所示。

图 4-5-6　自动接头

（6）点击"自动落纱"，学习全自动转杯纺纱机生产过程中的自动落纱技术。

（7）点击"自动换管"，学习全自动转杯纺纱机生产过程中的自动换管技术。

（8）点击"自动生头"，学习全自动转杯纺纱机生产过程中的自动生头技术。

（9）点击"自动清洁"，学习全自动转杯纺纱机生产过程中的自动清洁技术。

3. 点击"工艺与操作练习"，进入工艺设置界面，如图 4-5-7 所示。

（1）选取纤维原料、纱线支数、条子号数，设计牵伸倍数、捻度、纺杯速度、分梳辊速度等转杯纺纱工艺参数，进行虚拟纺纱实验。

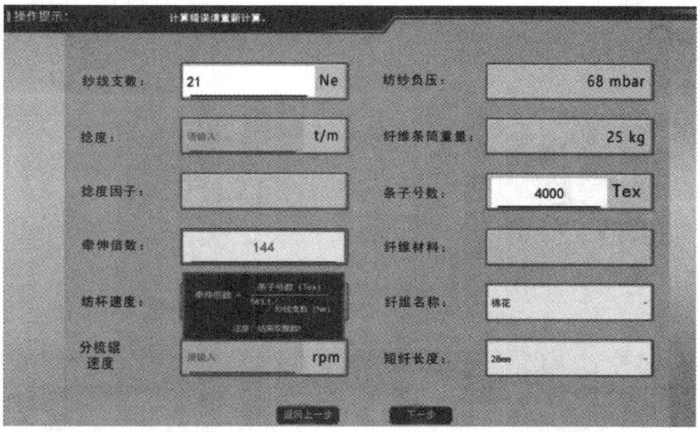

图 4-5-7 工艺设置界面

通过操练，学生学习转杯纺纱的原料、纤维长度、纱线支数（常用 Ne "英支" 为单位）、条子定量（常用 tex "俗称号数" 为单位）、捻度、纺杯转速、分梳辊转速等工艺参数，以及 Ne 与 tex 之间的换算。

（2）点击 "下一步"，进入纺纱专件选择界面，选择纺纱专件，如图 4-5-8 所示。通过选择输入和系统的互动提示，学生学习纱线品种与所需纺纱专件的对应关系，了解各纺纱专件的特征。

图 4-5-8 专件选择界面

（3）点击 "下一步"，进入纱线卷绕参数设置界面。设计转杯纺纱线的卷绕类型、卷绕张力、纱线长度等参数，学习卷绕知识。

（4）点击 "下一步"，进入自动接头参数的设置界面。通过标注图形展示纱线接头处的结构形态，了解附加捻度、附加重新输入 R3、填充因子、附加喂棉等参数的意义，逐一设计上述参数。

（5）启动设备，完成纺纱实验，并撰写实验报告。

4．点击进入"自测考核"模块，根据所学习的理论知识、工艺与操作练习，任意选择转杯纺纱中一个具体的纺纱品种，综合设计全自动转杯纺纱机的上机工艺，并完成纺纱实验。系统根据实验过程逐步考核，反馈考核结果，如图 4-5-9 所示。

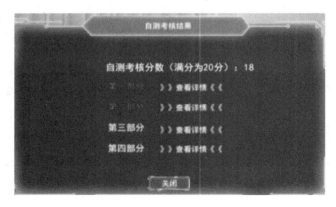

图 4-5-9　自测考核反馈界面

四、思考题

1．简述转杯纺纱工作原理。

2．以黏胶纤维为原料，条子定量为 4.0 ktex，纺制 21 英支黏胶纱，请设计牵伸倍数、捻度、纺杯转速、分梳辊转速等转杯纺纱工艺参数。

3．以棉纤维为原料，纺制 21 英支纯棉纱，请选择适用的纺杯、分梳辊、阻捻头、假捻器。

4．简述自动接头的工作过程。

实验六　转杯色纺纱工艺设计与打样

一、实验目的与要求

（1）了解色纺转杯纺纱（也称双通道喂入转杯纺纱）机的机构组成，熟悉其机件的名称及主要作用；了解色纺转杯纺纱机整机传动系统，熟悉其工艺过程及其工艺调整部件所在部位，掌握设备工艺调节程序与工作原理；了解转杯色纺纱的工艺设计原则与设计内容，熟悉色纺转杯纺纱机工艺参数选择的一般范围，掌握转杯色纺纱工艺设计与打样方法。

（2）掌握转杯色纺纱开发的方法与程序，能够分析转杯纺纱设备故障、常见色纺纱疵点成因，并给出改进建议措施；具有独立设计转杯色纺纱的工艺，操作转杯纺纱机进行纱线产品打样的能力；熟悉纱线质量指标控制范围，具备测试纱线规格及常用性能的能力；具有独立制定工艺优化设计方案，以及分析和解决转杯纱生产中工程实际问题的能力。

（3）能够关注经济、文化、环境、法律、安全、健康等因素对色纺纱线产品设计及生产过程的影响。

二、基础知识

转杯色纺纱的纺制原理是在普通转杯纺纱机上采用两个组合式喂入罗拉，分别控制两组纤维须条以不同或相同的速度喂入分梳区。在分梳区，经过分梳辊分解、梳理的单纤维从分梳辊上脱离，并随气流通过输送管，进入纺杯。气流从纺杯的排气孔排出，纤维沿杯壁斜面滑移至凝聚槽内，经凝聚、混合形成同向排列的纤维须条。引纱从引纱管吸入后被甩至凝聚槽，并与已凝聚的须条接触，随着纺杯回转运动，被加上捻回，引纱与须条搭接在一起。随着引纱输出，须条从凝聚槽内剥离，引纱的捻度被传递给须条，形成转杯纱。其纺制原理见图4-6-1。

该方法在保持纺纱过程中纺杯转速、分梳辊转速和输出速度不变的情况下，可通过改变组合式喂入罗拉中单个罗拉速度，在转杯纺纱机上实现喂入颜色不同或组分不同的纤维条，并且纱线横截面及长度方向均有短片段不同的颜色组合，同时

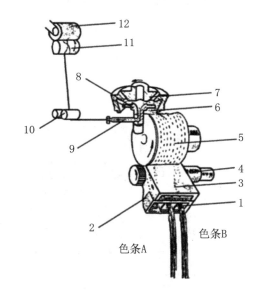

1—分条栅；2—喇叭口；3—喂给板；4—组合罗拉；
5—分梳辊；6—输送管；7—纺杯；
8—隔离盘；9—引纱管；10—引纱罗拉；
11—槽筒；12—筒子纱

图4-6-1　转杯纺混色、段彩纱的成纱方法

保持较好的纱线条干均匀度。转杯纺生产技术可以改善纱线中色纤维的混色效果，可用于生产段彩混色纱或混纤纱。

三、实验内容

注册登录国家虚拟仿真实验教学课程共享平台 www.ilab-x.com，搜索本实验，或直接登录 https://www.ilab-x.com/details/page? id＝11357＆isView＝true，进入"转杯色纺纱工艺设计与打样虚拟仿真实验"首界面（图 4-6-2）。

图 4-6-2 "转杯色纺纱工艺设计与打样虚拟仿真实验"首界面

1. 转杯色纺纱的成纱原理

转杯纺纱机工艺调节程序，生产转杯段彩纱与混色纱的技术原理（图 4-6-3）。

图 4-6-3 转杯色纺纱的成纱原理

2. 转杯色纺纱的成纱装置

转杯纺纱机的机构组成、工艺过程，转杯纺纱设备故障，常见色纺纱线疵点的成因及改进建议措施（图 4-6-4）。

图 4-6-4　转杯色纺纱的成纱装置

3. 转杯色纺纱工艺设计

转杯色纺纱工艺设计的原则与内容，转杯纺纱机工艺参数选择的一般范围，纺纱专件的选择，转杯色纺纱工艺设计方法，转杯色纺纱工艺设计单的制订（图 4-6-5）。

图 4-6-5　转杯色纺纱工艺设计

4. 转杯色纺纱打样

转杯色纺纱打样程序，转杯纺纱机控制面板参数输入与设备操作方法，虚拟纱线产品试纺与纱样入库管理（图 4-6-6）。

图 4-6-6　转杯色纺纱打样

5. 转杯色纺纱规格检验与性能检测

线密度、捻度、强力、条干、毛羽等纱线规格检验与性能检测标准，常见色纺纱线质量指标控制范围，相关检测仪器的功能、使用方法及操作程序（图4-6-7）。

图 4-6-7　转杯色纺纱规格检验与性能检测

6. 转杯色纺纱工艺优化

实验因素（纺杯转速、分梳辊转速、纱条输出速度）的选择及上机工艺参数范围，实验设计方法（单因素：均分法、黄金分割法、斐波纳契数列法、均分分批法；多因素：正交实验、均匀实验、回归正交实验、回归旋转实验）的选择，实验设计方案的制订、纱线打样及其规格检验与性能检测，纺纱工艺优化目标函数的制订，最优纺纱工艺的确定（图4-6-8）。

图 4-6-8　转杯色纺纱工艺优化

四、思考题

1. 如何利用转杯纺纱技术开发混色、段彩等时尚纱线？

2. 转杯纺纱机有哪些常见设备故障？转杯纱线存在哪些疵点，其产生原因及解决措施分别是什么？

3. 转杯色纺纱工艺设计与打样过程是怎样的？如何才能获得最优的转杯色纺纱工艺？

实验七　环锭纺竹节纱的设计与模拟

一、实验目的与要求

（1）掌握环锭纺竹节纱的生产原理，了解竹节纱的外观形貌及风格参数。

（2）掌握环锭纺竹节纱工艺与竹节纱外观形貌之间的关系，自主设计各种规格的竹节纱。

（3）掌握环锭纺竹节纱工艺与竹节纱面料风格之间的关系，自主设计各种风格的竹节纱面料。

二、基础知识

竹节纱是通过改变细纱的牵伸倍数，使原本应该粗细均匀的细纱（也称常规纱或平纱）上有规律或无规律地出现一些较粗的纱段（也称竹节段），从而使纱以及由该纱织成的织物（竹节纱面料），具有特殊的外观效应。

竹节纱上，正常粗细的纱体通常称为基纱，粗的纱段（即竹节段）通常是基纱的 2～5 倍。纺纱时，在正常牵伸倍数下，纺出的纱是基纱，当牵伸倍数变化（通常是牵伸倍数变小）时，则纱体上出现粗节段。相比基纱段，通常粗节段比较短，但通常长于纤维长度。粗纱段和基纱段在纱体上交替出现，形成竹节效应。

竹节纱上粗节和基纱的组合规律有常规循环组合、随机组合和随机无规律组合等多种。常规循环组合是指竹节纱上粗节的倍率（粗节与基纱的线密度比值）、粗节长度和基纱长度等参数都是固定的；随机组合是指设有多组倍率、粗节长度和基纱长度，每组的倍率、粗节长度和基纱长度是固定搭配的，竹节纱设计是按组随机组合的；随机无规律组合则是指倍率、粗节长度和基纱长度在设定的范围内随机取值进行组合，倍率、粗节长度和基纱长度之间是随机组合的。

实际上，纱体上除了竹节段和基纱段，还有一个过渡段。因为纱体直径不是突然从竹节段变细到基纱段，或突然从基纱段变粗到竹节段的，而是有一个逐渐变化的过程，从而在纱体上形成一个过渡段。过渡段的长度与驱动罗拉变速的电机的加速或减速时间有关。电机加速或减速的时间越短，则过渡段的长度越短。

通过选择织物经纬纱的种类（竹节纱或平纱，或两者的交替）、线密度、织物经纬密度、组织结构等，可以模拟不同规格竹节纱织成的织物的外观风格。竹节纱及其面料的风格主要通过竹节分布评价，评价过程主要由人工完成。生产中通常利用竹节密度（每 6 m 长度上竹节纱的竹节个数）评价竹节纱上的竹节分布，利用竹节纱面料的单位面积内竹节个数的 CV 值评价面料上的竹节分布。

三、实验内容

本实验主要包括竹节纱设计与模拟和竹节纱面料设计与模拟两部分内容。

1. 竹节纱设计与模拟

登录实验平台网址 https://www.ilab-x.com/，搜索本实验，或直接登录 https://www.SlubYF.simulation.yarnsim.com，进入实验界面（图 4-7-1）。

图 4-7-1　竹节纱设计与模拟平台首页

（1）进入竹节纱设计与模拟界面，如图 4-7-2 所示。

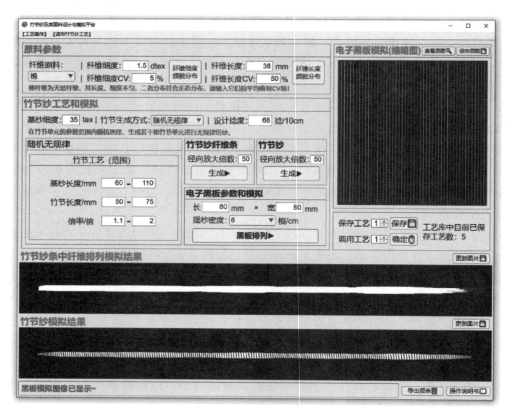

图 4-7-2　竹节纱设计与模拟界面

（2）选择纤维原料类型，并输入纤维长度和纤维细度（若原料是棉纤维，还需要输入纤维长度 CV 和纤维细度 CV），如图 4-7-3 所示。

图 4-7-3　竹节纱设计与模拟界面上的原料参数面板

（3）输入基纱细度、竹节生成方式和设计捻度，见图 4-7-4。

基纱细度：35 tex | 竹节生成方式：常规循环 ▼ | 设计捻度：68 捻/10cm
根据设定的竹节单元顺序有规律地产生竹节和基纱，并循环生成竹节纱。

图 4-7-4　竹节纱设计与模拟界面上的竹节纱工艺类型及参数

（4）本平台可以实现常规循环（有规律竹节纱）、随机组合和随机无规律三种竹节生成方式，通过竹节生成方式下拉列表选择（图 4-7-5）。

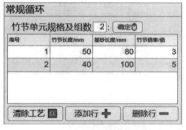 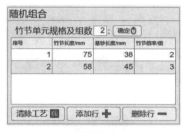 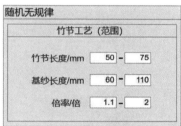

（a）常规循环　　　　　　（b）随机组合　　　　　　（c）随机无规律

图 4-7-5　竹节纱工艺面板

（5）在"竹节纱纤维条"面板上输入径向放大倍数，并点击"生成"按钮（图 4-7-6），可生成一段纤维条，显示在竹节纱条中纤维排列模拟结果面板上。

（6）在"竹节纱"面板上输入径向放大倍数，并点击"生成"按钮（图 4-7-7），可以生成一段竹节纱，显示在竹节纱模拟结果面板上。

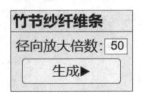 

图 4-7-6　竹节纱纤维条面板　　　　图 4-7-7　竹节纱面板

（7）在电子黑板参数和模拟面板上输入电子黑板的长度、宽度以及摇纱密度。

（8）通过点击电子黑板参数和模拟面板上的黑板排列按钮，可以模拟出竹节纱排列在黑板上的效果，最终显示在电子黑板模拟（缩略图）面板上。

2. 竹节纱面料设计与模拟

登录实验平台的网址 https://www.ilab-x.com/，搜索本实验，或直接登录 https://www.SlubYF.simulation.yarnsim.com，进入实验界面（图 4-7-8）。

图 4-7-8　竹节纱面料设计与模拟平台首页

（1）进入竹节纱面料设计与模拟界面，如图 4-7-9 所示。

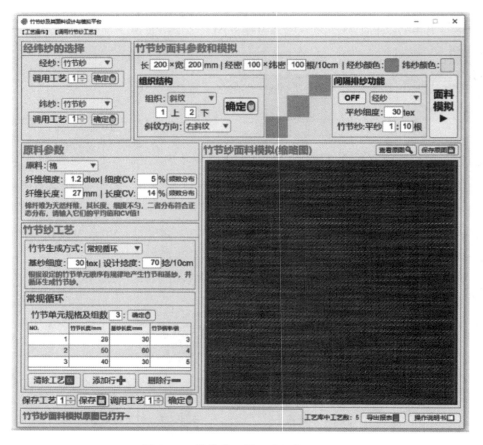

图 4-7-9　竹节纱面料设计与模拟界面

（2）在模拟竹节纱面料之前，首先要确定经纬纱类型。在"经纬纱的选择"面板上对经纬纱类型进行选择，可以选择竹节纱、平纱。选择竹节纱后，其工艺可从工艺库中已保存的工艺中调用；选择平纱后，需要选择该平纱的纤维原料类型，输入平纱的线密度（细度）、设计捻度（图 4-7-10）。

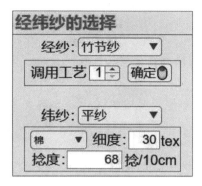

图 4-7-10　经纬纱的选择

（3）在竹节纱面料参数和模拟面板上可以输入竹节纱面料的长、宽，以及经密和纬密，也可以更改经纬纱的颜色（图 4-7-11）。

图 4-7-11　竹节纱面料参数

（4）在组织结构面板上可以选择并设计模拟竹节纱面料的组织图，可以选择平纹、斜纹和缎纹。

（a）平纹　（b）斜纹　（c）缎纹

图 4-7-12　竹节纱面料组织结构

（5）点击 ON/OFF 按钮，以启用或关闭"间隔排纱功能"。启用后，可选择使用该功能的排纱类型（经纱、纬纱或经纬纱），输入需要排列的平纱的线密度（细度），输入使用该功能的经、纬纱的连续排列的平纱、竹节纱的根数；关闭后，此时竹节纱的排列为全竹节纱排列。

（a）启用状态　（b）关闭状态

图 4-7-13　间隔排纱功能

（6）在输入参数都完整的情况下，通过点击竹节纱面料参数和模拟面板上的面料模拟按钮，便可以模拟出各种类型的竹节纱面料。

四、思考题

1. 竹节生成方式分别为"常规循环""随机组合""随机无规律"时，在其他竹节纱工艺参数都相同的情况下，分别模拟出竹节纱及竹节纱面料；比较不同竹节生成方式下，竹节纱和竹节纱面料的不同，并予以说明。

2. 在竹节生成方式为"常规循环"的情况下，分别变动竹节长度、基纱长度和倍率，比较竹节纱和竹节纱面料的变化，并予以说明。

实验八 全自动络筒机工艺流程和工艺参数设计

一、实验目的与要求

（1）认知全自动络筒车间环境、全自动络筒机结构、工艺部件和工艺流程。

（2）领会全自动络筒机的工作原理。

（3）获得全自动络筒机工艺参数和电子清纱器工艺参数设计、以及运用纺织标准等技术资料的能力。

（4）训练和培育工程知识、安全意识、设计开发、分析问题、解决问题、使用现代工具等诸方面的能力。

全自动络筒机的工艺参数设计的终极目标是寻找纱线质量与络纱效率的完美平衡。为了实现这个终极目标，实践者必须具有持续改进、精益求精、追求卓越的精神。这种精神既是工匠精神的具体体现，也是养成主动学习、不断探索、学以致用习惯，达到"学而不已，阖棺而止"境界的精神动力。

二、基础知识

络筒是将纱线在络筒机上加工成符合一定要求的筒子的过程。络筒从表面看仅仅是改变了纱线的卷装形式和增大卷绕容量，其实质是借助于电子清纱平台，改善纱线质量，并为改进纺纱工艺和工艺部件状态提供指引。

全自动络筒机的工艺过程：纱线从管纱上退绕，依次通过气圈破裂器、下纱检测器、张力控制器、捻接器、电子清纱器、张力检测器、捕纱器、上蜡装置、槽筒（或导纱器），最后卷绕在筒子上，形成筒子。

全自动络筒机的工艺参数包含：络纱速度、络纱张力、筒子绕纱长度和质量、导纱距离、电子清纱工艺等参数。工艺参数设计在整个实验中占有重要地位，络纱工艺要根据纤维材料、原纱质量、成品要求、后工序条件、设备状况等因素统筹制定。合理的络纱工艺设计应能达到：纱线减磨保伸，缩小筒子内部、筒子之间的张力差异和卷绕密度差异，良好的筒子卷绕成形，合理去纱疵、去杂和毛羽减少等要求。

本实验的络筒机主要工艺参数设定包括：

1. 络纱速度

络纱速度影响络纱产量和纱线断头，还影响纱线毛羽与化纤纱的静电。因此设定络纱速度时应考虑：

（1）络筒机本身的性能及速度范围。

（2）纱线粗细：纱线粗则强力较高，速度可大些，纱线细则相反。

（3）原纱质量：纱线质量较差，条干不匀，速度宜低，以减少断头。

（4）化纤纯纺或混纺纱，易产生静电，毛羽增加，宜选择较低的络纱速度。

赐来福 AUTOCONER X5 络筒机的标准络纱速度为 1400 m/min。

2. 络纱张力

络纱张力应根据原纱质量、线密度、络纱速度等因素选择。确定张力的原则：在满足筒子成形良好及后加工要求的前提下，采用较小的纱线张力，以保护纱线的弹性和伸长。络纱张力一般为一等品原纱标准断裂强力的 6%～9%。

3. 纱线捻接

赐来福 AUTOCONER X5 络筒机采用空气捻接器捻接断头纱，其捻接方式可根据纤维原料，选择普通空气捻接器捻接，带加热的空气捻接器和加湿的空气捻接器。应根据纤维种类、纱线线密度及纱线捻向、捻度等选择捻接器上不同规格的捻接块和退捻管。捻接头要求：捻接直径、捻接长度、捻接强力应达到要求。接头的强力通常至少是正常纱线的 70%，直径应低于正常纱线的 120%。

4. 筒子纱卷绕长度

筒子纱卷绕长度要与整经长度相匹配，由工艺计算而得。

5. 导纱距离

导纱距离影响纱线从管纱轴向退绕的张力。为均匀退绕张力应尽可能选择长导纱距离或短导纱距离。赐来福 AUTOCONER X5 络筒机采用固定的长导纱距离 500 mm。

6. 电子清纱系统

也可称为纱线质量在线控制系统，是检测纱线质量指标和切除纱疵的系统。通常，纱疵切除越多，纱线质量越好，但络筒机络纱效率越低。电子清纱的工艺参数应根据纱线及最终织物的质量要求，也可以根据 USTERE 统计值的水准，设定所清除纱疵的阈值。参数设计的内容主要涉及棉结、短粗节、长粗节、长细节、错支、短错支、短疵群、长疵群、偏细疵群等参数的阈值。在设置参数时，通常需参阅联机帮助暨设计简介，根据产品要求，设置合理的参数。

三、实验内容

整个实验包含"设备认知""工艺流程及工作原理""工艺参数设计"三大模块。实验流程如图 4-8-1 所示。

注册登录国家虚拟仿真实验教学课程共享平台 www.ilab-x.com，搜索本实验，或直接登录 https://www.ilab-x.com/details/page？id=7068，进入"全自动络筒机工艺流程和工艺参数设计虚拟仿真实验"实验界面，如图 4-8-2 所示。

开始实验，步骤如下：

（1）点击"开始实验"，进入实验。

（2）单击"设备认知"，进入"设备认知"模块，可在场景中漫游，以任意角度观看设备。

（3）点击"结构认知"，可任意查看筒子摇架、槽筒、大吸嘴、捻接器、清纱传感器等组成络筒机的关键部件。

（4）点击"安全防护"，进行安全标志、急停装置、人员安全、设备保护四个方面的学习。

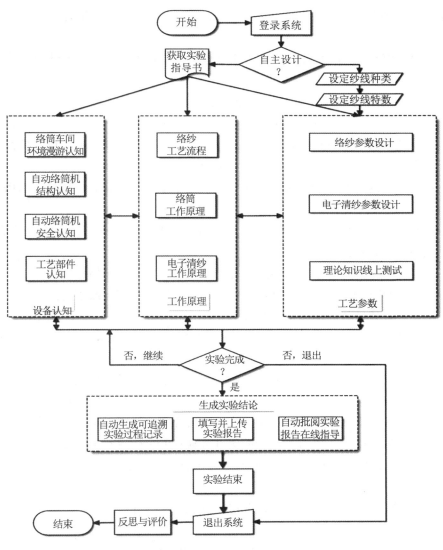

图 4-8-1 实验流程

图 4-8-2 实验界面

（5）单击"原理"，进入"工艺流程及工作原理"模块，点击"工艺原理"查看设备整体运行原理动画。

（6）点击"纱线供给"，可点击选择"托盘式""圆形纱库式"两种纱线供给方式进行学习。

（7）点击"纱线退绕"，查看纱线退绕原理动画。

（8）点击"气圈控制"改变气圈形状，控制退绕张力。

（9）点击"清纱"，学习电子清纱器作用，纱线经电子清纱器检测，判断是否存在纱疵及纱疵的类型和数量，并按设定的清纱工艺参数要求对纱疵予以清除。

（10）点击"张力控制"，学习张力控制知识，观察纱线通过张力传感器，利用电磁力控制纱线张力。

（11）点击"纱线捻接"，观察纱线断头或换筒后，由上、下吸嘴将断纱传递给捻接器，由捻接器完成断头纱的捻接。

（12）点击"筒子防叠"，学习络筒重叠与防叠机理，掌握防叠措施。

（13）点击"卷绕成筒"，学习卷绕成筒的方法：纱线由槽筒（或滚筒＋导纱杆）进行导纱并摩擦传动筒子，使纱线在筒管上卷绕成形。

（14）点击"络筒清洁"，学习废纱及纱线飞花的清洁：通过废纱、飞花吸附和清理装置，进行巡回式清洁。

（15）单击"工艺"，进入工艺参数设计模块，在工艺参数设计模块。可自行设计自动络筒工艺参数和洛菲电子清纱工艺参数。参数设定时，可借助系统帮助进行设定，系统自动判定设计的可行性，对于不合理的设计参数系统会给出合理建议或提示，必须做出响应，实现人机交互。点击"生成曲线"按钮，最后可获得仿真效果：络纱效率和纱疵切除情况报告。

（16）工艺设计完成后进入测试考核环节，点击选项对考核题目进行回答，实时查看正确答案。

（17）点击"成绩详情"，可查看个人操作得分细节。点击"提交"，系统自动生成实验过程报告。

完成全部实验内容后，可根据交互结果重新完成实验。也可根据仿真监看结果，重复学习和研究参数设计。

四、思考题

1. 请说明赐来福 AUTOCONER X5 络筒机络纱的工艺过程。

2. 安全标识颜色为什么有所不同？

3. 光电式和电容式电子清纱器各自的优点是什么？Loepfe® Zenit™ 电子清纱器属于哪种类型？

4. 在设定 NSLT 的直径界限和长度界限（N 只有直径界限）之后，即可在纱疵分级图上绘出由棉结 N、短粗节 S、长粗节 L 分段组合形成的一条曲线，以及由细节 T 得到的另一条曲线。在纱疵分级图上，合理的由 NSL 构成的通道曲线应在其他曲线的上方，由 T 得到的曲线应在其他曲线的下方。请问：这里所说的其他曲线指的是什么曲线？

5. 在设定疵群曲线参数时，在预设的检测长度内，当小纱疵发生次数超过设定值时，

Loepfe 电子清纱系统即驱动切刀切断纱线。请问：增加检测长度使切纱的标准发生了什么变化？

6. 在设定参数时，短粗节和短疵群、长粗节和长疵群，以及偏细节和偏细疵群的参数之间，是否应该存在逻辑关系，为什么？

7. 假设由于前皮辊损伤产生了周期为 9 cm 的周期性斑节纱，若客户能接受的细纱长度为 5 m，为消除此类纱疵，在短疵群曲线设定疵点数为 56 的条件下，其正确的检测长度的设定值与 5 m 之间是怎样的关系？

8. 全自动络筒机的工艺参数设计的终极目标为什么是"寻找纱线质量与络纱效率的完美平衡"，而不是"寻找纱线质量与络纱产量的完美平衡"的表述？

第五章　上机试纺实验

一、实验目的与要求

上机试纺是学生经过基础理论知识和专业理论知识学习后，进行工程技术训练的主要途径和实践活动。通过上机试纺，学生可进一步熟悉纺纱设备的性能，学会正确地使用相关设备和仪器，同时在纺纱工艺设计、半制品检验、工艺调试技能和实验数据处理等方面得到系统的训练，解决工程实际问题的能力和创新的能力都得到培养和提升。

具体要求如下：

（1）根据拟纺制纱线的用途、线密度，进行各工序半制品定量设计。

（2）制定各道工序上机工艺参数及上机调试。

（3）测定半制品及产品的质量。

二、实验设备与仪器

1. 试纺机器

梳棉机、精梳机、并条机、粗纱机、细纱机等。

2. 测试仪器

滚筒测长器、天平、转速表、纱框测长器、细纱捻度仪、条干仪、单纱强力机、毛羽仪等。

三、纺纱工艺设计

本实验为棉纺上机试纺，其工艺流程如下：

（配棉→开清棉）→梳棉→（精梳前准备）→精梳→并条Ⅰ→并条Ⅱ→粗纱→细纱。

上述工艺流程中，括号内的工序可视条件选做。

在上机试纺中，首先要考虑原料的选配。原棉选配应按照纱线的线密度、用途及加工特点，对照纺织行业相关标准进行。

根据相关原棉品种资料进行配棉。一个配棉方案中，各混料成分的技术性能指标差异包括：品级差异不超过 1～2 级；纤维长度差异不超过 2～4 mm；纤维线密度差异不超过 0.07～0.09 dtex（公制支数差异不超过 500～800 公支）；含水率、含杂率差异不超过 1%～2%；纤维成熟度差异不超过 ±0.15；各成分配比一般不超过 25%。配棉后，混料的综合技术性能指标一般可采用质量加权法计算。

实验一　梳棉工艺设计与质量控制

梳棉是棉纺中关键的工序，对最终成纱质量有直接的影响。梳棉上机实验，就是通过对梳棉机有关工艺的设计与调整，制备生条（梳棉条）并测试其质量指标，掌握梳棉主要工艺及其对生条质量的影响，以及生条质量的控制方法。

一、梳棉的工艺设计

梳棉的工艺设计主要根据棉卷质量，并参考相关资料，确定梳棉机的相关工艺参数。

梳棉机上的主要工艺参数包括：机械牵伸倍数；实际牵伸倍数；锡林、刺辊、道夫、盖板速度；锡林与盖板隔距、锡林与道夫隔距、刺辊与锡林隔距、生条定量等。

1. 生条定量

梳棉条定量应考虑梳理、除杂的效果，定量过大，易使分梳、除杂不良，定量过小，纤维网飘浮，易断头。梳棉条定量常用设计范围见表 5-1-1。

表 5-1-1　梳棉条定量常用设计范围

细纱线密度（tex）	梳棉条线密度（tex）	梳棉条定量（g/5 m）
9.7～11	3200～4000	16～20
12～20	3400～4200	17～21
21～31	3800～4800	19～24
32～97	4300～5400	21～27

2. 速度

速度对纤维梳理与转移有直接和显著的影响，从而直接影响着梳棉的质量和产量。

（1）锡林速度。锡林速度是决定梳棉机产量质量的一个极其重要的参数，锡林速度高，则分梳效果好，产量可以提高。

（2）刺辊速度。刺辊速度直接影响梳棉机的预梳程度及落棉。刺辊转速较低时，在一定范围内增加刺辊转速，可增强刺辊对纤维的预分梳作用，降低生条中棉束含量百分率，棉束含量百分率降幅趋小。随着刺辊转速增快，棉束百分率降幅趋小。同时，刺辊转速增加过多会明显增加纤维的损伤，使生条中短绒百分率增大，且刺辊速度过高，后车肚气流控制和落棉控制也比较复杂。

刺辊速度的设定还应考虑其与锡林的线速度比值。锡林与刺辊的表面线速度比值会影响纤维由刺辊向锡林的转移，不良的纤维转移会产生棉结（见表 5-1-2）。纤维长，则速比应大。高产梳棉机上，锡林与刺辊的表面线速度比值，纺棉时宜在 1.7～2.0 或以上；纺化纤时宜在 2.0 以上；纺中长化纤时，应再提高。

表 5-1-2 梳棉机常用的锡林和刺辊速度

项目	锡林转速（r/min）	刺辊转速（r/min）	表面线速度比（刺辊/锡林）
成熟和强力高的原棉	330～450	950～1050	1.8～2.2
成熟差、等级低的原棉	280～300	700～900	1.7～2.1
一般棉型和中长化纤	280～330	600～850	2～2.5

（3）盖板速度（表 5-1-3）。盖板线速度提高，盖板针面上的纤维量减少，每块盖板带出分梳区的斩刀花少，但单位时间走出工作区的盖板根数多，盖板花的总量增加且含杂率降低，而总的除杂率有所增加。因此，盖板速度相应提高，有利于充分排杂。

表 5-1-3 常用盖板线速度（mm/min）

纺纱线密度（tex）		32 以上	20～32	20 以下
原料	棉	160～270	180～260	80～130
	化纤	一般用最低档速度		

（4）道夫速度。道夫速度直接关系到梳棉机的生产率，在梳棉机提高产量时，输出部分可采取提高道夫速度和增加生条定量两项措施。

条子定量较小时，可适当提高道夫速度；加工可纺性好的原料时，道夫速度可适当提高。

表 5-1-4 梳棉机道夫速度范围

机型	JWF1211	JWF1213
道夫速度（r/min）	4～90	4.3～84

3. 隔距

梳棉机上共有 30 多个隔距，它们和梳棉机的分梳、转移和除杂作用有密切关系。分梳的主要隔距有刺辊—给棉板、刺辊—预分梳板、锡林—盖板、锡林—固定盖板、锡林—道夫等机件间隔距。转移纤维的主要隔距有刺辊—锡林、锡林—道夫、道夫—剥棉罗拉等机件间的隔距。除杂隔距主要有刺辊与除尘刀之间、小漏底、前上罩板上口与锡林之间等的隔距。分梳和转移的隔距小，有利于分梳和转移。这是因为隔距减小可使梳理长度增加，针齿易抓取和握持纤维，使纤维不易游离，不易搓擦成结。纺化纤，纤维长，摩擦系数大，易生静电，为避免绕滚筒，其分梳隔距较纺棉时大。化纤因杂质含量少，因此其有关落棉隔距的设置应有利于减少落棉。

JWF1211 型梳棉机的各部分隔距见表 5-1-5。

表 5-1-5　JWF1211 梳棉机各部位隔距

隔距点部位		隔距范围	
		mm	1″/1000
给棉板握持点—刺辊分梳点		0.439 2～0.634 4	18～26
给棉罗拉—给棉板		0.195 2	8
给棉板—刺辊		0.854	35
刺辊—除尘刀	第一除尘刀	0.488	20
	第二除尘刀	0.536 8	22
刺辊—预分梳板		0.976	40
刺辊—锡林		0.170 8	7
锡林—后上罩板	上口	0.780 8	32
	下口	1.22	50
锡林—后下罩板		0.976	40
锡林—后固定盖板	第一块	0.634 4	26
	第二块	0.536 8	22
	第三块	0.488	20
	第四块	0.439 2	18
	第五块	0.390 4	16
锡林—盖板	第一点	0.317 2	13
	第二点	0.268 4	11
	第三点	0.268 4	11
	第四点	0.244	10
	第五点	0.244	10
	第六点	0.244	10
锡林—前固定盖板	第一块	0.390 4	16
	第二块	0.341 6	14
	第三块	0.341 6	14
	第四块	0.292 8	12
锡林—前上罩板	上口	0.780 8	32
	下口	1.22	50
锡林—前下罩板		0.536 8	22
锡林—弧形罩板		1.464	60
锡林—道夫		0.170 8	7
锡林—棉网清洁器	前一棉网清洁器	0.390 4	16
	前二棉网清洁器	0.341 6	14
	后一棉网清洁器	0.439 2	18
	后二棉网清洁器	0.585 6	24
道夫—剥棉罗拉		0.244	10
剥棉罗拉—上轧辊		1.952	80

二、上机试纺

根据要求的产品及原料情况，确定主要工艺参数，如速度、隔距等，再通过计算确定牵伸倍数，使生条定量符合要求。

棉条实际牵伸倍数 E：

$$E = \frac{棉卷干定量（g/m）\times 5}{棉条干定量（g/5\ m）} \tag{5-1-1}$$

根据实验用梳棉机的传动系统示意图，进行牵伸齿轮计算。

梳棉机机械牵伸倍数 E_0：

$$E_0 = \frac{圈条压辊线速度}{棉卷罗拉线速度} = \frac{牵伸常数}{牵伸齿轮齿数} \tag{5-1-2}$$

理论上，$E = E_0$，但由于梳棉生产过程中部分杂质、短绒及少量可纺纤维会成为落棉，因此棉条的实际牵伸与机械牵伸有差异。在计算牵伸变换齿轮时，应考虑此因素。

在调整生条质量偏差或更改生条线密度时，常用比例法计算所需的牵伸齿轮齿数，既准确又快速。当牵伸牙处于主动位置时，其齿数与棉条定量成正比；当牵伸牙处于被动位置时，其齿数与棉条定量成反比。

$$拟改牵伸齿轮齿数 = \frac{拟改棉条定量 \times 原牵伸齿轮齿数}{原棉条定量} \tag{5-1-3}$$

按理论设计要求，上机安装牵伸变换齿轮并调整其他工艺参数。试纺后，测定棉条定量，当定量偏差较大时，重新计算牵伸牙，再试纺，直至定量正确。

$$棉条定量偏差（\%） = \frac{（棉条的实际平均干燥定量 - 设计的标准干燥定量）}{设计的标准干燥定量} \tag{5-1-4}$$

三、生条的质量检测

对梳棉机输出的生条，要进行质量检验，如质量达不到要求，必须对有关参数进行调整。例如，测定计算生条质量不匀率和条干不匀率，对照乌斯特公报或给出的半制品质量参考标准来评判生条质量，从理论上分析提高生条质量的措施。

生条的主要检验指标及控制范围见表 5-1-6 和表 5-1-7。

表 5-1-6　生条的质量指标及控制范围

项目	萨氏生条条干不匀率（%）	条干不匀率（%）	质量不匀率（%）	
			有自调匀整	无自调匀整
优	<18	2.6～3.7	≤1.8	≤4
中	18～20	3.8～5.0	1.8～2.5	4～5
差	>20	5.1～6.0	>2.5	>5

表 5-1-7　生条棉结杂质短绒质量指标的乌斯特公报（2023 年）

	水平	5%	25%	50%	75%	95%
普梳	总棉结数（个/g）	40	66～57	94～75	132～91	222～140
	杂质数（个/g）	1.0	3.0～2.0	5.0～3.0	9.0～5.0	16.0～11.0
	短绒率（%）	8.1～5.6	9.7～6.6	10.9～7.5	12.0～8.5	13.2～9.5
精梳	总棉结数（个/g）	39～24	64～35	89～48	113～63	155～74
	杂质数（个/g）	1.0	2.0～1.0	3.0～1.0	9.0～2.0	13.0～2.0
	短绒率（%）	7.3～4.5	9.3～3.8	11.8～3.0	14.0～2.3	16.4～1.7

注：普梳纤维主体长度为 26～33 mm；精梳纤维主体长度为 25～40 mm；短绒率为质量短绒率 SFC（w），短绒定义为长度小于 12.7 mm 的纤维。

四、思考题

1. 梳棉的主要工艺参数有哪些？它们如何影响生条质量？

2. 生条的质量指标主要有哪些？如何控制？

实验二　精梳工艺设计与质量控制

精梳工序的任务是排除生条中的短绒及结杂，进一步提高纤维的伸直度与平行度，使纺出的纱线均匀、光洁、强度更高。精梳工艺设计会直接影响成纱质量与纺纱成本。精梳工艺设计主要包括以下几个方面：

（1）合理选择精梳准备工艺路线与工艺参数。目前精梳准备的工艺路线有并条与条卷、条卷与并卷、并条与条并卷三种，应根据纺纱品种及成纱质量要求合理选择。同时要合理地确定精梳准备工序的并合数、牵伸倍数，尽可能提高纤维的伸直度、平行度，减少精梳小卷的粘连。

（2）合理确定精梳落棉率，以提高精梳产品的质量与经济效益。精梳落棉率的大小应根据纺纱的品种、成纱的质量要求、原棉条件及精梳准备流程及工艺情况而定。

（3）充分发挥锡林与顶梳的梳理作用，以提高其梳理效果。要根据成纱的品种及质量要求合理选择精梳锡林的规格及种类。

（4）合理确定精梳机的定时、定位及有关隔距，以利于减少精梳棉结杂质，提高精梳条的质量。

一、精梳前准备工艺设计及试纺

精梳前准备上机试纺可采用三种形式：（1）并条机-条并联合机；（2）并条机-条卷机；（3）条卷机-并卷机。

1. 牵伸倍数和并合数确定

条子或小卷的并合数越多，有利于改善精梳小卷的纵向及横向结构、降低精梳小卷的不匀率，并有利于不同成分纤维的充分混和。

精梳前准备的各机台并合数及牵伸倍数的参考范围见表 5-2-1。

表 5-2-1　并合数及牵伸倍数

机型	预并条机	条卷机	并卷机	条并卷联合机
并合数（根）	5～8	16～24	5～6	24～28
牵伸倍数	4～9	1.1～1.6	4～6	1.3～2.0

2. 精梳小卷的定量

精梳小卷的定量大小影响精梳的产量与质量。增大精梳小卷的定量可提高精梳机产量；使分离罗拉输出的棉网增厚，接合牢度大，破洞、破边及纤维缠绕胶辊的现象减少，还有利于减少精梳小卷的黏卷。但定量过重也会使精梳锡林的梳理负荷及精梳机的牵伸负担加重。在确定精梳小卷的定量时，应考虑成纱线密度、设备状态、给棉长度等因素。不同精梳机的精梳小卷定量见表 5-2-2。

表 5-2-2　精梳小卷的定量

机型	JSFA588	HC500	JWF1286	E80
定量（g/m）	60～80	50～80	60～80	60～80

3. 精梳准备的试纺

设 G 为精梳小卷定量（g/m），g 为生条定量（g/5 m），n_1 和 n_2 分别为第一道及第二道设备的并合数，E_1 和 E_2 分别为精梳准备第一道及第二道设备的牵伸倍数，则它们之间的关系如下：

$$E_1 \times E_2 = \frac{n_1 \times n_2 \times g}{G} \qquad (5\text{-}2\text{-}1)$$

可根据上式计算精梳准备头道及二道设备的牵伸倍数，根据机器传动图配置牵伸变换齿轮，并进行上机试纺。

二、精梳机工艺设计与试纺

（一）精梳机的工艺参数设计

精梳机的给棉与钳持工艺包括给棉方式、给棉长度、钳板开闭口定时等。

1. 给棉方式

精梳机的给棉方式有两种：一种是给棉罗拉在钳板前摆时给棉，称为前进给棉；另一种是给棉罗拉在钳板后摆时给棉，称为后退给棉。选用不同的给棉方式时，梳理效果、精梳落棉率及精梳条质量有很大差别。

采用后退给棉时锡林对棉丛的梳理强度比前进给棉时大。对降低棉结杂质、提高纤维伸直平行度有利，同时分界纤维长度长，精梳落棉多，棉网中短绒少。

精梳机的给棉方式应根据纺纱线密度、纱线的质量要求等因素确定。在生产中，一般根据精梳落棉率的大小确定，当精梳落棉率大于 17% 时，采用后退给棉；当精梳落棉率小于 17% 时，采用前进给棉。

2. 给棉长度

精梳机的给棉长度是指一个精梳循环中给棉罗拉的给棉长度，它对精梳机的产量及质量均有影响。当给棉长度大时，精梳机的产量高，分离罗拉输出的棉网较厚，棉网的破洞、破边可减少，开始分离接合的时间提早，但会增加精梳的梳理负担而影响梳理效果，另外精梳机牵伸装置的牵伸负担也会加重。因此，给棉罗拉的给棉长度应根据纺纱线密度、精梳机的机型、精梳小卷定量等情况而定。几种精梳机的给棉长度范围见表 5-2-3。

表 5-2-3　精梳机的给棉长度

机型	给棉长度（mm）	
	前进给棉	后退给棉
JSFA588	4.3，4.7，5.2，5.9	4.3，4.7，5.2，5.9
HC500	5.2，5.9	4.3，4.7，5.2，5.9
JWF1286	4.3，4.7，5.2，5.9	4.3，4.7，5.2，5.9
E80	4.3，4.7，4.95，5.2，5.55，5.9	4.3，4.7，4.95，5.2，5.55，5.9

3. 钳板最前位置定时及钳板闭合定时

钳板最前位置定时是指钳板到达最前位置时的分度盘指针指示的分度数，它是精梳机定时调整的基准。JSFA588、HC500、JWF1286、E80 型精梳机的最前位置定时为 24 分度。钳板闭合定时是指上下钳板闭合时分度盘指针指示的分度数，钳板的闭合定时必须早于锡林梳理开始定时；JSFA588、HC500、JWF1286、E80 型精梳机的钳板闭合定时在 32～34 分度，梳理开始定时约为 35 分度。

4. 锡林定位

锡林定位是调整锡林与分离罗拉、锡林与钳板运动配合关系的手段。锡林定位早时，锡林末排针通过分离罗拉是紧隔距点的定时越早，可防止锡林末排针将分离罗拉倒入机内的纤维抓走；同时锡林定位早时，还可使梳理开始定时提早，钳板闭合也提早。JSFA588、HC500、JWF1286、E80 型精梳机的锡林定位有 36、37 及 38 分度三种，可根据所纺纤维长度确定。

5. 精梳落棉率

精梳落棉率对成纱质量及精梳机的产量有较大影响，一般根据纺纱线密度、成纱的质量要求、原棉及小卷的质量情况综合考虑。精梳落棉率的一般控制范围见表 5-2-4。精梳落棉率主要通过改变落棉隔距及喂棉方式、给棉长度来加以调整。

表 5-2-4　精梳落棉率的一般控制范围

纺纱线密度（tex）	纱线英制支数（s）	精梳落棉率（%）
9.7 及以上	60 及以下	14～16
7.3	80	16～18
5.3	100	18～20
4.3	120	20 以上

（二）上机试纺

可根据精梳小卷定量、精梳条定量、精梳落棉率等参数确定计算牵伸倍数，并可根据精梳机传动图计算牵伸变换齿轮齿数，进行试纺。

设 G_0 为精梳小卷定量（g/m），G 为精梳条定量（g/5 m），c 为精梳机的落棉率（%），E 为精梳机的总牵伸倍数，n 为条子的并合根数，则有：

$$E = \frac{5 \times n \times G_0 \times (1-c)}{G} \tag{5-2-2}$$

因总牵伸倍数等于部分牵伸倍数的积，则有：

$$E = E_A \times E_B \times E_C \tag{5-2-3}$$

式中：E_A 为分离牵伸倍数，即分离罗拉到给棉罗拉的牵伸倍数；E_B 为牵伸装置的牵伸倍数；E_C 为精梳机各部分张力牵伸倍数的积。

设 A 为给棉罗拉每钳次的给棉长度（mm），S 为精梳机分离罗拉的有效输出长度（mm），则有：

$$E_A = \frac{S}{A} \tag{5-2-4}$$

将式（5-2-3）、式（5-2-4）分别代入式（5-2-2），再经整理，可得精梳机牵伸装置的牵伸倍数：

$$E_B = \frac{5 \times n \times G_0 \times (1-c) \times A}{G \times S \times E_C} \tag{5-2-5}$$

根据精梳机的传动图，可得牵伸装置的牵伸倍数与牵伸变换齿轮的关系如下：

$$E_B = 牵伸常数 \times \frac{Z_1}{Z_2} \tag{5-2-6}$$

根据式（5-2-5）和式（5-2-6），可计算出精梳机的牵伸变换齿轮齿数 Z_1、Z_2。

三、精梳条的质量检测与控制

1. 精梳条定量的控制

根据计算得到的牵伸变换齿轮上机试纺，并调整其他工艺参数。试纺后，测定精梳条的定量及精梳落棉率，当精梳条的定量偏差较大及精梳落棉率与其设计值相差较大时，重新计算牵伸变换齿轮并调整落棉隔距，重新试纺，直至定量正确。

$$精梳条质量偏差 = \frac{精梳条实际干重 - 精梳条设计干重}{精梳条设计干重} \times 100\% \tag{5-2-7}$$

2. 精梳条的质量指标

精梳条的质量指标有精梳条干 CV、精梳条短绒率、精梳条质量不匀率等，其控制范围见表 5-2-5，乌斯特公报（2023 年）精梳条质量水平见表 5-2-6。可调整给棉长度、落棉隔距和接合长度，以控制精梳条质量。

表 5-2-5　精梳条质量参考指标

精梳条条干不匀率（%）	精梳条短绒率（%）	精梳条质量不匀率（%）	机台间精梳条质量不匀率（%）	精梳后棉结清除率（%）	精梳后杂质清除率（%）
<3.8	<8	<1.0	<0.9	>50	>50

表 5-2-6　乌斯特公报（2023）精梳条质量水平（棉，100%，环锭纱，AFIS）

指标	水平		
	5%	50%	95%
根数短绒率（%）	8	14	20.1
纤维棉结数（个/g）	15	34	61
籽皮棉结数（个/g）	0	2	4
总棉结数（个/g）	10	26	70
灰尘数（个/g）	6	16	35
杂质数（个/g）	0	1	4
总尘杂数（个/g）	3	10	49
可见异物含量（%）	0.01	0.03	0.06

四、思考题

1. 精梳小卷定量大小对精梳质量及产量有何影响?

2. 精梳准备的工艺道数为什么必须为偶数?

3. 精梳机前进给棉与后退给棉相比,梳理效果及精梳落棉有何区别?

4. 精梳机落棉率与哪些因素有关?

实验三　并条工艺设计与质量控制

熟条的质量是影响细纱品质的重要因素之一。熟条的质量主要体现在条干均匀度、质量不匀率、质量偏差及条子的内在结构等方面。并条工序要求纺制定量符合设计标准，且条干均匀度好、质量不匀率低和纱疵少的熟条。

一、并条的工艺设计

根据生条质量及熟条质量要求，参考相关资料，确定并条机相关工艺参数，例如：条子定量、机械牵伸倍数；实际牵伸倍数；并合根数；罗拉握持距；罗拉加压等。

1. 定量设计

棉条定量的配置应根据纺纱线密度、成纱品质要求和加工原料的特性等决定。一般纺细特纱及化纤混纺时，成纱品质要求较高，定量应偏轻掌握。但在罗拉加压充分的条件下，可以适当加大定量。棉条定量的选用范围见表 5-3-1。

表 5-3-1　并条定量常设计范围

细纱线密度（tex）	并条线密度（tex）	并条定量（g/5 m）
9.7～11	2500～3300	12.5～16.5
12～20	3000～3700	15～18.5
21～31	3400～4300	17～21.5
32～97	4200～5200	21～26

2. 牵伸倍数

并条工序通过并合与牵伸来改善棉条结构。并条机的并合数一般为8根或6根，其总牵伸倍数接近并合数，通常选择为并合数的 0.9～1.2 倍。对于并条机的总牵伸倍数，纺细特纱时，为减轻后续工序的牵伸负担，可取上限；对制品的均匀度要求较高时，可取下限。同时应结合各种牵伸形式及不同的牵伸张力，综合考虑，合理配置。总牵伸倍数配置范围见表 5-3-2。

表 5-3-2　总牵伸倍数配置范围

牵伸形式	四罗拉双区		单区	曲线牵伸	
并合数（根）	6	8	6	6	8
总牵伸倍数	5.5～6.5	7.5～8.5	6～7	5.6～7.5	7～9.5

并条工序的主牵伸区是前区，其后区牵伸主要是为前区做准备，故头道并条的后区牵伸一般为 1.4～1.8 倍，二道并条的后区牵伸一般为 1.1～1.5 倍。

前张力牵伸一般在 0.99～1.03 倍，纺纯棉时，前张力牵伸可小些。

3. 罗拉握持距

罗拉握持距主要由纤维长度及长度均匀度确定。另外，它还与棉条定量、加压和出条速度等因素有关。一般，握持距可由下式确定：

$$S = L_p + P$$

式中：S 为罗拉握持距（mm）；L_p 为棉纤维品质长度或化纤的主体长度（mm）；P 为长度增量（mm）。

在不同的牵伸形式下，P 的数值不同，采用压力棒牵伸时，主牵伸区的 P 为 $6\sim12$ mm，后牵伸区的 P 为 $10\sim15$ mm。

二、上机试纺

并条实际牵伸倍数 E：

$$E = \frac{\text{喂入棉条干重} \times \text{并合数}}{\text{输出棉条干重}} \tag{5-3-1}$$

根据并条机传动系统图，进行牵伸齿轮计算（或通过面板直接设定牵伸倍数）。

并条机械牵伸倍数 E_0：

$$E_0 = \frac{\text{紧压罗拉线速度}}{\text{导条罗拉线速度}} = \frac{\text{牵伸常数} \times \text{牵伸齿轮齿数}}{\text{冠牙齿数}} \tag{5-3-2}$$

考虑到生产中纤维可能散失及皮辊打滑等因素，E 不等于 E_0。

$\frac{E}{E_0} \times 100\%$ 为牵伸效率 B，其倒数为牵伸配合率。牵伸效率 B 与原料性质、机器性能有关，因此设计机械牵伸倍数时，通常还要考虑牵伸效率 B，即：

$$\text{设计机械牵伸倍数} = \frac{\text{实际牵伸倍数} E}{\text{牵伸效率} B} \tag{5-3-3}$$

从而确定相应的牵伸变换齿轮。

按理论设计要求上机安装牵伸变换齿轮并调整其他工艺参数。试纺结束后，测定棉条定量，当定量偏差较大时，重新计算牵伸牙，再试纺，直至定量正确。

$$\text{棉条定量偏差}(\%) = \frac{(\text{棉条的实际平均干燥定量} - \text{设计的标准干燥定量})}{\text{设计的标准干燥定量}} \tag{5-3-4}$$

三、熟条的质量检验与控制

对并条机输出的熟条，要进行质量检验，如质量达不到要求，必须对有关参数进行调整。

熟条的质量指标及控制参考标准见表 5-3-3 和表 5-3-4。

表 5-3-3　熟条的质量指标及控制参考标准

原料		萨氏条干不匀率（%）	乌氏条干不匀率（%）	质量不匀率（%）
纯棉	细特纱	≤18	3.5～3.6	≤0.9
	中、粗特纱	≤21	4.1～4.3	≤1
涤棉		≤13	3.2～3.8	≤0.8

同品种熟条的质量偏差应控制在±0.5%。

表 5-3-4　熟条棉结杂质短绒的乌斯特公报（2023 年）

	水平	5%	25%	50%	75%	95%
普梳	总棉结数（个/g）	52～37	73～61	100～85	124～107	220～166
	杂质数（个/g）	1.0	3.0～2.0	5.0～3.0	11.0～6.0	18.0～9.0
	短绒率（%）	8.5～4.3	10.1～5.6	11.6～6.9	13.3～8.1	15.6～9.5
精梳	总棉结数（个/g）	26～5	36～10	45～14	56～20	67～27
	杂质数（个/g）	0	1.0～0	1.0	2.0～1.0	3.0～1.0
	短绒率（%）	6.1～0.7	6.9～0.9	7.9～1.3	9.0～1.6	10.5～2.0

注：普梳纤维主体长度为 26～33 mm；精梳纤维主体长度为 27～40 mm；短绒率为质量短绒率 SFC（w），短绒定义为长度小于 12.7 mm 的纤维。

四、思考题

1. 并条工序的主要工艺参数有哪些？它们如何影响熟条质量？

2. 熟条的质量指标主要有哪些，如何对它们进行控制？熟条与生条有哪些不同？

3. 并条工序中倒牵伸与顺牵伸的特点分别是什么？

实验四 粗纱工艺设计与质量控制

一、工艺设计

根据熟条质量及粗纱质量要求，参考相关资料，确定粗纱机的相关工艺参数，例如：机械牵伸倍数、实际牵伸倍数、捻系数、罗拉握持距、罗拉加压、锭速、锭翼绕纱圈数、钳口隔距、轴向卷绕密度等。

1. 粗纱定量

粗纱定量（线密度）与细纱机牵伸能力有关。粗纱常用定量范围见表 5-4-1。

表 5-4-1 粗纱常用定量范围

细纱线密度（tex）	粗纱线密度（tex）	粗纱定量（g/10 m）
9.7～11	300～380	3.0～3.8
12～20	330～600	3.3～6.0
21～31	500～750	5.0～7.5
32～97	670～1100	6.7～11

2. 粗纱牵伸倍数

粗纱机的总牵伸倍数主要根据细纱线密度、细纱机的牵伸倍数、熟条定量、粗纱机的牵伸效能确定。目前的三罗拉或四罗拉双胶圈牵伸中，总牵伸倍数一般在 5～12，细纱线密度低时，牵伸倍数可小些。

粗纱机的牵伸分配主要根据粗纱机的牵伸形式和总牵伸倍数确定，同时参照熟条、粗纱定量和所纺品种等合理配置。粗纱机的前牵伸区采用双胶圈及弹性钳口，对纤维的运动控制良好，所以牵伸倍数主要由前牵伸区承担，后区牵伸是简单罗拉牵伸，控制纤维能力较差，牵伸倍数不宜过大，一般为 1.15～1.5 倍，通常以偏小为宜，使结构紧密的纱条喂入主牵伸区，有利于改善条干。四罗拉双胶圈牵伸前部为整理区，由于该区不承担牵伸任务，所以只需 1.05 倍左右的张力牵伸，以保证纤维在集束区的有序排列。

3. 罗拉握持距

粗纱牵伸中，后区的罗拉握持距参照下式确定：

$$S = L_p + (16 \sim 22) \tag{5-4-1}$$

式中：S 为罗拉握持距（mm）；L_p 为棉纤维品质长度或化纤的主体长度（mm）。

主牵伸区的握持距（mm）一般为胶圈架长度＋（14 −22）。在四罗拉牵伸中，主牵伸区前还有一个牵伸倍数为 1.05 左右的整理区，该区的罗拉握持距一般在 35～42 mm。

4. 粗纱捻系数

粗纱捻系数主要根据所纺品种、原料纤维长度、细度等选择，还应结合温湿度条件、细纱后区工艺、粗纱断头情况等因素合理选择。纯棉粗纱捻系数选择范围见表 5-4-2，常见细纱品种的粗纱捻系数选择范围见表 5-4-3。

表 5-4-2　纯棉粗纱捻系数选择范围

粗纱线密度（tex）	200～325	325～400	400～770	770～1000
粗纱捻系数（普梳）	105～120	105～115	95～105	90～92
粗纱捻系数（精梳）	90～100	85～95	80～90	75～85

表 5-4-3　常见细纱品种的粗纱捻系数选择范围

细纱品种	纯棉机织纱	纯棉针织纱	棉型化纤混纺纱	涤/棉（65/35～45/55）混纺纱	棉/腈（60/40）混纺针织纱	黏/棉（55/45）混纺纱	中长涤/黏（65/35）混纺纱
粗纱捻系数	86～102	104～115	55～70	63～70	80～90	65～70	50～55

5. 粗纱锭速

粗纱机锭速选择：纺纯棉时，粗纱机锭速选择范围见表 5-4-4；对于化纤纯纺、混纺，由于粗纱捻系数较小，锭速比表 5-4-4 中的数据降低 20%～30%。

表 5-4-4　纯棉粗纱锭速选择范围

纺纱线密度		粗特纱	中细特纱	特细特纱
锭速范围（r/min）	托锭式	500～700	650～850	800～1000
	悬锭式	800～1000	900～1100	1000～1200

二、上机试纺

1. 牵伸变换齿轮选择

粗纱实际牵伸倍数 E：

$$E = \frac{\text{喂入棉条干定量（g/5 m）} \times 2}{\text{输出粗纱干定量（g/10 m）}} \tag{5-4-2}$$

根据粗纱机传动图，进行牵伸齿轮计算。

粗纱机械牵伸倍数 E_0：

$$E_0 = \frac{\text{前罗拉线速度}}{\text{后罗拉线速度}} \tag{5-4-3}$$

在计算牵伸变换齿轮时，还要考虑牵伸效率 B。

2. 捻度变换齿轮选择

根据选定的粗纱捻系数 α_{tc} 及粗纱的线密度 N_{tc}，计算粗纱捻度 T_c：

$$T_c = \frac{\alpha_{tc}}{\sqrt{N_{tc}}} \quad \text{（捻/10 cm）} \tag{5-4-4}$$

又由于粗纱捻度 = $\dfrac{\text{锭子转速}}{\text{前罗拉线速度}}$，即：

$$T_c = \frac{n}{V_F} \tag{5-4-5}$$

再根据选择的粗纱机锭速，可计算出粗纱机的捻度变换齿轮。

粗纱加工中，还应根据所纺的粗纱线密度，合理选择卷绕密度，即：合理选择卷绕变换齿轮、张力变换齿轮、升降变换齿轮等。

通过上述计算和选择，可以上机安装牵伸变换齿轮、捻度变换齿轮并按理论设计要求调整其他工艺参数（如果采用无锥轮粗纱机，可以通过面板直接调节有关参数）。试纺结束，测定粗纱定量，当定量偏差较大时，重新计算牵伸牙，再试纺，直至定量正确。测定粗纱捻度，当捻度偏差较大时，重新计算捻度牙，再试纺，直至捻度正确。测定粗纱伸长率，当粗纱伸长率偏差较大时，重新调整粗纱张力（伸长率）。

三、粗纱质量检验与控制

测定并计算粗纱质量不匀率、条干不匀率及粗纱伸长率，对照相关标准评判粗纱质量，从理论上分析提高粗纱质量的措施。

粗纱的质量指标及控制范围见表 5-4-5。表 5-4-6 和表 5-4-7 分别给出了 2018 年乌斯特粗纱条干不匀率和 2023 年乌斯特粗纱棉结杂质短绒情况。

表 5-4-5　粗纱质量控制参考指标

纱线类别		萨氏条干不匀率（%）	质量不匀率（%）	粗纱伸长率（%）	捻度（捻/10 cm）
纯棉纱	粗特	≤40	≤1.1	1.5～2.5	以设计捻度为标准
	中特	≤35	≤1.1	1.5～2.5	
	细特	≤30	≤1.1	1.5～2.5	
精梳纱		≤25	≤1.3	1.5～2.5	同上
化纤混纺纱		≤25	≤1.2	−0.5～1.5	

表 5-4-6　乌斯特粗纱条干不匀率（%）（2018 年公报）

纱线类别	水平				
	5%	25%	50%	75%	95%
纯棉普梳粗纱	4.61～5.14	4.92～5.41	5.21～5.65	5.50～5.90	5.85～6.22
纯棉精梳粗纱	3.22～3.67	3.60～4.07	4.05～4.55	4.59～5.11	5.14～5.57

注：2023 年版乌斯特公报中无粗纱的条干不匀指标。

表 5-4-7　乌斯特粗纱棉结杂质短绒（2023 年公报）

	水平	5%	25%	50%	75%	95%
普梳	总棉结数（个/g）	36～20	51～35	64～47	98～80	171～150
	杂质数（个/g）	0	3.0～2.0	5.0～3.0	9.0～5.0	16.0～8.0
	短绒率（%）	6.5～4.7	8.6～5.5	10.1～6.1	11.8～6.8	14.0～7.7
精梳	总棉结数（个/g）	21～3	30～8	47～12	60～18	75～24
	杂质数（个/g）	0	1.0～0	1.0	2.0～1.0	3.0～1.0
	短绒率（%）	5.7～0.6	6.7～0.9	7.4～1.1	8.4～1.5	9.6～1.8

注：普梳纤维主体长度为 27～34 mm；精梳纤维主体长度为 27～40 mm；短绒率为质量短绒率 SFC(w)，短绒定义为长度小于 12.7 mm 的纤维。

四、思考题

1. 粗纱工序的主要工艺参数有哪些？如何调整？

2. 粗纱张力以什么衡量？如何控制粗纱张力及其不匀？

3. 粗纱的捻系数与哪些因素有关？如何确定？

实验五　细纱工艺设计与质量控制

细纱是纺纱的最后一道工序，纱线的粗细（线密度）根据产品要求确定。细纱的质量既是前面各道工序的加工质量及原料性能的综合体现，也与细纱工序本身的工艺设计密切相关。

一、工艺设计

根据细纱的最终用途和质量要求，参考相关资料，确定细纱机的相关工艺参数，例如：机械牵伸倍数、实际牵伸倍数、捻系数、捻向、罗拉握持距、罗拉加压、锭速、钳口隔距、钢领型号及直径、钢丝圈型号及号数等。

1. 牵伸倍数

在保证和提高产品质量的前提下，提高细纱机的牵伸倍数，在经济上可获得较大的效果。目前，细纱机的牵伸倍数一般在 30～50。总牵伸倍数首先取决于细纱机的机械工艺性能，但总牵伸倍数也因其他因素而变化：当所纺棉纱较粗时，总牵伸能力较低；当所纺棉纱较细时，总牵伸能力较高；纺精梳棉纱时，由于粗纱均匀，结构较好，纤维伸直度好，所含短绒率也较低，牵伸倍数一般可高于同线密度非精梳棉纱；纱织物和线织物用纱的牵伸倍数也可不同，这是因为单纱经并线加捻，可弥补若干条干和单强方面的缺陷，但也必须根据产品质量要求确定。细纱机总牵伸倍数参考范围如表 5-5-1 所示。

表 5-5-1　细纱机总牵伸倍数参考范围

纺纱线密度（tex）	9 以下	9～19	20～30	32 以上
牵伸倍数	40～50	25～50	20～35	12～25

注：纺精梳纱与化纤纱时，牵伸倍数可偏上限选用。

细纱的后牵伸区是简单的罗拉牵伸，因此，后区牵伸的主要作用是为前区做准备，以充分发挥胶圈控制纤维运动的作用，达到既能提高前区牵伸，又能保证成纱质量的目的。

后区牵伸倍数小，则成纱的条干均匀度好。纺机织用纱时，后区牵伸一般为 1.25～1.5 倍，常在 1.36 倍左右；纺针织用纱时，后区牵伸一般为 1.02～1.15 倍。

在牵伸区，利用粗纱捻回产生附加摩擦力界来控制纤维运动是有效的，对提高成纱均匀度也有利。在后罗拉加压足够的条件下，为了充分利用粗纱捻回控制纤维运动，宜适当增加粗纱捻系数。如果后区牵伸较大（1.36～1.5 倍），粗纱捻系数宜较大，α_t 一般在 100～110。如果后区牵伸较小（1.25～1.36 倍），粗纱捻系数可略小，α_t 一般在 95～105。但针织用纱对成纱条干均匀度的要求较高，虽然其后区牵伸比机织用纱小，但粗纱捻系数要求较大，α_t 一般在 105～115，以便保持有较多捻回进入前牵伸区，在罗拉加压足够的条件下，充分利用捻回控制纤维运动。后牵伸区工艺参数见表 5-5-2。

表 5-5-2 后牵伸区工艺参数

项目		纯棉		化纤纯纺及混纺	
		机织纱工艺	针织纱工艺	棉型化纤	中长化纤
后牵伸倍数	双短胶圈	1.20~1.40	1.04~1.15	1.14~1.54	1.20~1.70
	长短胶圈	1.25~1.50	1.08~1.20		
后牵伸区罗拉中心距（mm）		44~52	48~54	45~60	60~88
后牵伸罗拉加压（N/双锭）		60~140	60~140	100~180	140~200
粗纱捻系数α$_t$（特克斯制）		90~105	105~120	56~86	48~67

2. 罗拉握持距

细纱前牵伸区的罗拉握持距与牵伸形式和纤维长度有关，见表 5-5-3。罗拉握持距小，有利于控制纤维运动，改善条干；但握持距过小，易导致牵伸力剧增，造成牵伸不开，反而会恶化条干。

表 5-5-3 前牵伸区罗拉中心距与浮游区长度

牵伸形式	纤维类别	胶圈架或上销长度（mm）	前牵伸区罗拉中心距（mm）	浮游区长度（mm）
双短胶圈	棉纤维（31 mm 以下）	25	36~39	11~14
	棉纤维（33 mm 以上）	29	40~43	11~14
长短胶圈	棉及化纤混纺（40 mm 以下）	33（34）	42~45	11~14
	棉及化纤混纺（50 mm 以下）	42	52~56	12~16
	中长化纤混纺（40 mm 以下）	56	62~74	14~18
	中长化纤混纺（40 mm 以下）	70	82~90	14~20

3. 细纱捻系数

细纱捻系数α$_t$应根据产品用途合理选择，以满足成纱的物理力学性能。常用细纱捻系数见表 5-5-4。

4. 锭速

锭速的选择与纺纱线密度、纤维特性、捻系数等因素有关。细纱锭速的一般范围如下：

纺纯棉粗特纱时为 10 000~14 000 r/min，纺纯棉中特纱时为 14 000~16 000 r/min，纺纯棉细特纱时为 14 300~16 500 r/min；纺中长化纤时为 10 000~13 000 r/min。

5. 钢丝圈选择

钢丝圈选择：应根据所纺纱线细度，合理选择钢丝圈，以满足张力和气圈控制，减少断头和毛羽等。一般，纱线越粗，则钢丝圈越重。纯棉纱钢丝圈号数选用范围见表 5-5-5。

表 5-5-4　常用细纱捻系数

纱线类别	线密度（tex）	捻系数	
		经纱	纬纱
普梳机织用棉纱	8.4～11.6	340～400	310～360
	11.7～30.7	300～390	300～350
	32.4～194	320～380	290～340
精梳机织用棉纱	4.0～5.3	340～400	310～360
	5.3～16	330～390	300～350
	16.2～36.4	320～380	290～340
普梳针织、起绒用棉纱	10～9.7	≤330	
	32.8～83.3	≤310	
	98～197	≤310	
精梳针织、起绒用棉纱	13.7～36	≤310	
涤/棉混纺纱	单纱织物用纱	330～380	
	股线织物用纱	320～360	
	针织内衣用纱	300～330	
	经编织物用纱	370～400	

表 5-5-5　纯棉纱钢丝圈号数选用范围

钢领型号	纺纱线密度（tex）	钢丝圈号数	钢领型号	纺纱线密度（tex）	钢丝圈号数	钢领型号	纺纱线密度（tex）	钢丝圈号数
PG 2	96	16～20	PG 1	29	1/0～4/0	PG1/2	19	4/0～6/0
	58	6～10		28	2/0～5/0		18	5/0～7/0
	48	4～8		25	3/0～6/0		16	6/0～10/0
	36	2～4		24	4/0～7/0		15	8/0～11/0
	32	2～2/0		21	6/0～9/0		14	9/0～12/0
				19	7/0～10/0		10	12/0～15/0
				18	8/0～11/0		7.5	16/0～18/0
				16	10/0～14/0			

二、上机试纺

细纱实际牵伸倍数 E：

$$E = \frac{\text{喂入粗纱干定量（g/10 m）} \times 10}{\text{输出细纱干定量（g/100 m）}} \tag{5-5-1}$$

根据细纱机传动图，进行牵伸齿轮计算。

细纱机械牵伸倍数 E_0：

$$E_0 = \frac{\text{前罗拉线速度}}{\text{后罗拉线速度}} \quad\quad\quad (5\text{-}5\text{-}2)$$

由于存在捻缩及皮圈滑溜等情况，细纱的实际牵伸倍数不等于其机械牵伸倍数，因此在计算牵伸变换齿轮时，应考虑牵伸效率 B。

和粗纱的情况一样，可根据所选择的细纱锭速和捻度，按下式计算出细纱的捻度变换齿轮：

$$\text{细纱捻度} = \frac{\text{锭子转速}}{\text{前罗拉线速度}}$$

即：

$$T = \frac{n}{V_F} \quad\quad\quad (5\text{-}5\text{-}3)$$

另外，根据细纱的线密度不同，还要合理选择卷绕变换齿轮等。

上机安装牵伸、捻度、卷绕等变换齿轮（新型的数字式细纱机可通过面板直接设定牵伸、加捻和卷绕等参数），并按设计要求调整其他工艺参数。试纺结束，测定细纱定量，当定量偏差较大（超出质量标准）时，重新计算牵伸变换齿轮，再试纺，直至定量正确。

测定细纱捻度，当捻度偏差较大时，重新计算捻度变换齿轮，再试纺，直至捻度正确。最后测定细纱的其他质量指标，例如细纱强力、强力变异系数、质量偏差率、质量不匀率、条干不匀率、10 万米纱疵数、棉结数等。

三、质量检验与控制

细纱作为纺纱加工的产品，有国家或行业标准。另外，乌斯特公报也反映了细纱的质量水平。因此，细纱质量评判可参考相关的细纱质量标准或乌斯特公报。

测定计算细纱的各项质量指标，对照相关标准评判细纱质量，从理论上分析改善细纱质量的措施。

四、思考题

1. 细纱的主要工艺参数有哪些？
2. 为什么细纱的实际牵伸倍数与机械牵伸倍数不相等？
3. 细纱质量检验指标有哪几项？

全书参考答案

参考文献

[1] 郁崇文. 纺纱学[M]. 4 版. 北京:中国纺织出版社,2023

[2] 高卫东. 棉纺织手册[M]. 北京:中国纺织出版社,2021

[3] 任家智. 纺纱工艺学[M]. 2 版. 上海:东华大学出版社,2021

[4] 谢春萍. 纺纱工程[M]. 3 版. 北京:中国纺织出版社,2019

[5] 郁崇文. 纺纱工艺设计与质量控制[M]. 2 版. 北京:中国纺织出版社,2011

[6] Qian L L, Yu C W. Pressure distribution in the drafting zone measured by film pressure sensors[J]. Textile Research Journal, 2023,93(7/8):1815-1823.

[7] 武世锋,钱丽莉,冯浩,等. 竹节纱及其面料设计与模拟平台的开发[J]. 上海纺织科技, 2023,51 (11): 67-70.

[8] Sun X Q, Cui P, Xue Y. Construction and analysis of a three-channel numerical control ring-spinning system for segment colored yarn[J]. Textile Research Journal, 2021,91 (23/24):2937-2949.